U0304560

Photo credits:
CERN: p. 125c;
Fotolia: p. 128 © yevgeniy11;
NASA: p. 109bd;
Salvatore Mirabella: pp. 5ad, 53ad, 56ad;
Luca Novelli: pp. 15d, 16s, 24s, 25b, 25c, 26bs, 30bs, 31ad, 33a, 34–35b, 35ad, 41a, 43a, 44–45, 46a, 89ad, 103bd, 106bs, 107b.

Where not otherwise indicated, images belong to Archive Giunti.
The publisher is willing to settle any amounts due to the images of which has not been possible to find the source.

图书在版编目(CIP)数据

100个超级大脑：儿童极简科学史 /（意）诺维利著绘；许丹丹译. — 武汉：长江少年儿童出版社, 2016.2
ISBN 978-7-5560-4232-6

Ⅰ. ①1… Ⅱ. ①诺… ②许… Ⅲ. ①科学技术 - 技术史 - 世界 - 儿童读物 Ⅳ. ①N091-49

中国版本图书馆CIP数据核字(2016)第032297号

100个超级大脑：儿童极简科学史

［意大利］卢卡 · 诺维利 / **著绘**　许丹丹 / **译**
出 品 人 / 刘　霜　**策划总监** / 吕心星
策划编辑 / 周　杰　**责任编辑** / 刘馥鸣
设计总监 / 王　中　**装帧设计** / 欧阳诗汝　**美术编辑** / 陈经华
出版发行 / **长江少年儿童出版社**
策划出品 / 心喜阅信息咨询（深圳）有限公司
经销 / 全国新华书店
印刷 / 当纳利（广东）印务有限公司
开本 / 889×1194　1/16　9.5 印张
版次 / 2020 年 9 月第 1 版　2021 年 4 月第 2 次印刷
书号 / ISBN 978-7-5560-4232-6
定价 / 88.00 元

100 LAMPI DI GENIO CHE HANNO CAMBIATO IL MONDO

For the original edition:
Texts and illustrations by Luca Novelli
Graphic design by Studio Link (www.studio-link.it)

www.editorialescienza.it
www.giunti.it
The quotation that appears on back cover is by Edoardo Boncinelli.

咨询热线 / 0755-82705599　**销售热线** / 027-87396822　http://www.lovereadingbooks.com

100个超级大脑——儿童极简科学史

给孩子的漫画科学史

国际安徒生奖得主

〔意大利〕卢卡·诺维利 / 著绘　许丹丹 / 译

长江出版传媒 | 长江少年儿童出版社

书里有什么？

你会发现即使没有天才的大脑，也能有金点子。

改变世界的100个金点子

关于化学的金点子

关于电的金点子

关于自然的金点子

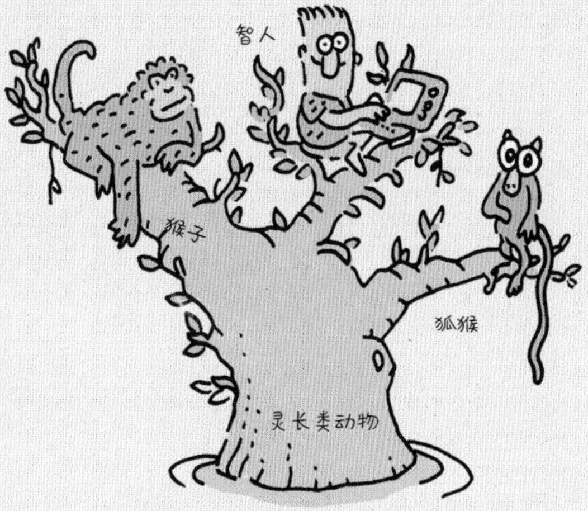

与生命息息相关的金点子

爆炸性观念

我比金子值钱多了！

没有金点子的世界

想象一下，如果我们的世界没有电视、电话，没有汽车、洗衣机，也没有数字和文字，地球静止在宇宙中，太阳慵懒地围绕它转动，会怎么样？尝试一下生活在一个没有电，没有书籍，没有进化和字符流传概念的世界，没有电脑，没有火，没有车轮，没有农业，没有肥皂、番茄酱和炸薯条，医院里也没有任何卫生设施，没有麻醉剂，没有药品。在这样的世界里生活一定很困难，光是没有手机，有些人就已经发疯了。

如果说人类的生活越来越好了，那么要感谢100多个大大小小的“金点子”。

很多拥有“金点子”的人并不为人知，另一些人则通过发明创造改变历史永载史册。“金点子”往往并不仅仅属于一个人，而是……很多人。但很多情况下，第一个想到的人并不一定就是受益者。

其实，我们每天都会有一些小小的“金点子”：在解决困难时，在突破技术难题时，在经历跌宕起伏的一天时，在面临家庭危机时，在一个错误的地点爆胎时……不论是遇到海难流落到荒岛，还是置身于一座大城市之中，我们知道的“金点子”越多，就越有可能在适当的时候灵光一现，也就越有可能聪明地解决问题。

总而言之，祝愿大家都有更多的“金点子”。

——卢卡·诺维利

什么是金点子？

一个好主意

一个好主意，一次领悟，一个能够解决问题或逃离困境的想法，可能是灵光一现，但更多是来自长期的学习和研究。在大多数情况下，它来自于用一种聪明而意想不到的方式，把现存的事物和新想法结合起来。

热气球

伟大的想法

孟格菲兄弟的想法是一个典型的“金点子”。他们发现壁炉里的热空气在上升时，燃烧的纸屑也上升了。于是，他们想，热空气是否也能把其他东西推向空中。就这样，他们发明了第一个热气球。

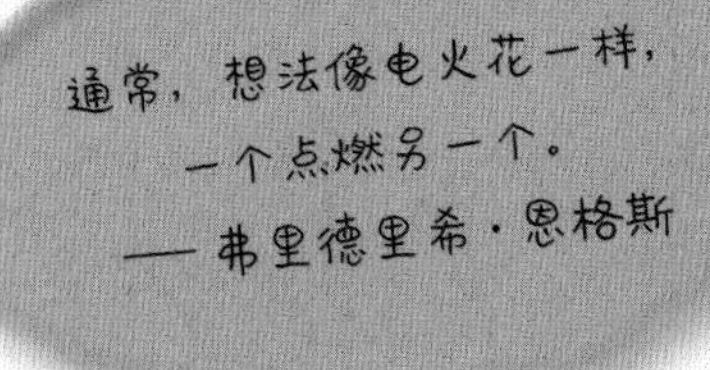

偶然又绝非偶然

科技史充满了看似偶然的发现和发明。放射性的发现（亨利·贝克勒尔，第122页）归功于他把铀和一些相片的底片落在了抽屉里。青霉素（亚历山大·弗莱明，第97页）是由于一位助手偶然打翻了培养皿而发现的。事实上，如果说这些偶然发现促成了非凡的发明，也是因为这些偶然发生在“有准备的人”身上，他们有能力迅速抓住偶然事件的意义，并将其转化为“金点子”。

意外收获

锡兰是斯里兰卡的古称。锡兰流传着一个故事：三位王子寻找一位公主。他们一直在寻找她，却始终没有找到。不过他们在寻找的过程中，发现了许多其他意想不到的宝物。在寻找某种事物时却有其他非凡发现的情况叫作意外收获。许多“金点子”都是这样出现的。

伟大的想法通常都是简单的。
——大卫·奥格威

金点子和想象力

想象力能促使好的想法和金点子出现。换句话说，金点子是想象力具体化、形象化的产物。

主角

金点子无形无色，不是任何一个国家或个人的专利，它们是人类的财富。每一个发明或创新背后都有一段历史、一个故事或一个人物，阿尔伯特·爱因斯坦就是其中之一。他被认为是现代物理之父，是全世界公认的天才。他拥有许多改变世界的伟大想法，我们的回顾之旅一定非常有趣。如果大家在接下来的书页里发现他，包括穿错衣服的他，可千万别吃惊哟。

所有的金点子

除了爱因斯坦，旅程中我们还会遇到另一些人物，有些不知名，有些世界闻名。从阿基米德到达·芬奇，从伏尔泰到爱迪生，从麦哲伦到史蒂夫·乔布斯，这本书讲述了他们所有人的伟大想法，以及这些想法产生的方式、时间和地点。

例如伽利略，他用望远镜观察天空时，突然灵光一现，最后他证明了行星（如地球）的运行方式。

不过，他们的天才想法并非都会马上被人知晓。

有一件事是肯定的，这些人物中的很多人不仅拥有伟大的想法，而且还把这些想法继续实行下去了。

动物的金点子

我住在托斯卡纳一座废弃农场的农舍里，周围到处是野猪、狼和其他动物。我睡在一间楼下是废弃马厩的大屋子里，还能闻到干草的味道。我的窗子底下有一根生锈的通风管，从破旧的墙壁延伸出去几厘米，上面有一个安全的鸟巢，不会受到任何捕食者的攻击。我没有看到小鸟们，但我能听到它们发出“唧唧”的叫声，有几只才刚刚出生。

每天下午都会发生一件奇怪的事。每当我准备打个盹儿时，就会有一种非常神秘的声音把我吵醒，就好像一件重物砸到下面鸡舍的屋顶一样，但我从窗户探出身子却什么也看不见，没有动物，也没有人……周围都安静极了。我以为这是招待我却拒绝承担一切责任的朋友们开的一个玩笑，尽管这件事每天都在准时发生：某个时间点便“砰”地一声响，随后只有无尽的风声。然后……这真是个悲剧。

与以往不同，这次惊醒我的不是重击声，而是一声绝望的尖叫。我探出身，看到一条大蛇盘绕在突出的管子上，它正在享用鸟巢里刚出生的小雏鸟，大鸟正发出无助的叫声。蛇吃光鸟巢里的所有雏鸟，然后跳到了下面的鸡舍顶上，揭开了每天下午重击声的秘密。它安静而迅速地沿着屋檐边缘跳到草坪上，消失在草丛中。这一天，大蛇终于实现了它的计划：抵达鸟巢吞食雏鸟。这个行动相当复杂。

* 青鞭蛇是意大利比较常见的一种漂亮的无毒蛇。

天才蛇

面对一份无法从地面获取的美食，我们的天才蛇每天都要穿过一条又长又费劲的路，它需要先爬到屋顶，然后在跳下去的同时盘绕在突出的管道上。它每天都在同一时间尝试一遍，消耗相当的时间和体力。最后，它成功了。

我虽然为雏鸟感到遗憾，但不得不对这只爬行动物的金点子心生崇敬，它用它那并不发达的大脑来想象、计划，它坚持不懈，最后终于实现了并不容易的行动。这种能力许多人都不具备。

章鱼开瓶器

章鱼也有金点子。在智力测试中，它们体现出能吸取错误教训并学习同物种行为的能力，例如：它们能打开从未见过的食品罐头，还能在相当复杂的陷阱中找到逃生之路。

最聪明的动物是哺乳动物，包括海豚、狗、猫，尤其是我们的近亲类人猿。有一件事是肯定的，动物都会思考，只不过有些动物思考得多，有些动物思考得少。在必要时刻，它们也有金点子。

智慧的定义

我得搭
一座三室一厅
的鸟巢!

蛇和软体动物也能有金点子，这表示它们也很聪明吗？也许是，也许不是，也许它们只是有一点点思维能力。智慧可以定义为解决问题的能力，或者将资源整合以挣脱困境或达到某个目的的能力。

除了人类以外，最聪明、最有可能产生金点子的动物，应该就是大猩猩和黑猩猩了。

爱做梦的猫

有些动物之间保持着一定的距离，例如狗和猫。面对一个问题，人类的朋友也会以它们的方式寻找解决办法。令人好奇的是，这些动物睡觉时都会做梦。做梦意味着它们会想象，即它们能够在大脑中绘制或构建与现实不同的情景或事物。

IDEA

睡觉时
我会做梦。

……所以
我会思考!

如果会做梦
就是会想象!

猫最爱的食物在透明的有机玻璃缸里，
触不可及。
1. 猫假装什么也没有。
2. 做个小梦。
3. 醒来时举起一只爪子，取得食物。

乌鸦数学家

鸟类也有智慧。鸟类中有建筑家、旅行家甚至数学家。乌鸦和鹦鹉被认为是最聪明的，它们中有一些甚至会数数。

猴子设计师

智慧也体现在用一些事物达成某个结果，例如获得食物，打破软体动物的外壳……黑猩猩对白蚁情有独钟，它们从小就会用棍子插进白蚁穴“捕获”它们。在实验中，黑猩猩展现出了许多能力：为了获得奖励，它们能思考、计划并制造出复杂的工具。

会学习的猕猴

学习其他有用而舒适的行为是智慧的特权，但并不是人类才有的专属特权。人们在日本猕猴的聚集地，给了它们一些混杂着沙土的脏块茎。团体中一只最聪明的雌性猕猴，在享用这些脏脏的块茎之前，突然灵光一现：它把它们带到沙滩上，在海水中清洗干净。随后，它的同伴们一个个照做。从那天起，这一小群猕猴都学会了清洗块茎，然后心满意足地享用。

洛伦茨的金点子

我们和鹅

康拉德·洛伦茨，长着一头浓密的白发，是一位善良而幽默的老人。他正在维也纳他家花园附近的小湖里，和一群野鹅一起洗澡。

小鹅是他充满爱意地从鹅蛋里“孵化”出来的，它们把他当作“妈妈”。另一些照片是他的“养子们”亲热地排成一队跟着他，就好像他真的是鹅妈妈。

尽管他的脸上洋溢着笑容，但他并没有在玩，而是在做一项任何决定养小狗或小鸡的人都可以复制的科学实验。洛伦茨教授在展现他的印记理论。如果一只小动物在刚出生时获得了一位满脸胡须的男人的照顾和呵护，它会把他当作母亲。事实上，洛伦茨做的还远不止这些。他研究动物，将它们与人类的行为类比，从而得出合理的比较。

区别

研究动物行为的科学叫作动物行为学，康拉德·洛伦茨（1903—1989）被认为是动物行为学的创始人。在他之后，很多自然学家也研究了动物的行为，或多或少地揭示了动物与人类的相似之处。人类与动物比较大的区别在于：是否有能力把自身学到的知识和新的行为传递给同物种的其他成员，特别是子女、孙子孙女等直系后代。

上面两幅图出自让·伊尼亚斯·伊西多尔·杰拉德（1803—1847），笔名格兰威尔，法国设计师和漫画家。

IDEA

动物也能有金点子，它们能发现或学习新的、有用的、良性的动作，但如果这些并不由遗传决定，并非出于“本能”，那么在遗传时就很容易丢失。

但这种丢失不会发生在人类身上，一次发现、一个主意或一种发明，通过语言、文字以及花样百出的交流方式，能很快成为整个人类的财富。就如我们要讲的这100个“我们的金点子”，它们已经属于整个人类。

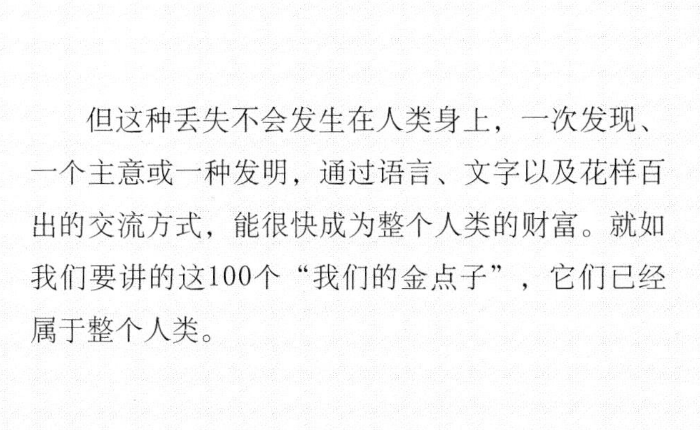

我们的故事从一个金点子开始

一道闪电击中一棵老树并掀起一场森林火灾。一棵树倒下了，另一棵树也变得摇摇欲坠。在愈演愈烈的山林风火的驱赶下，动物们纷纷出逃。

1 火的发现

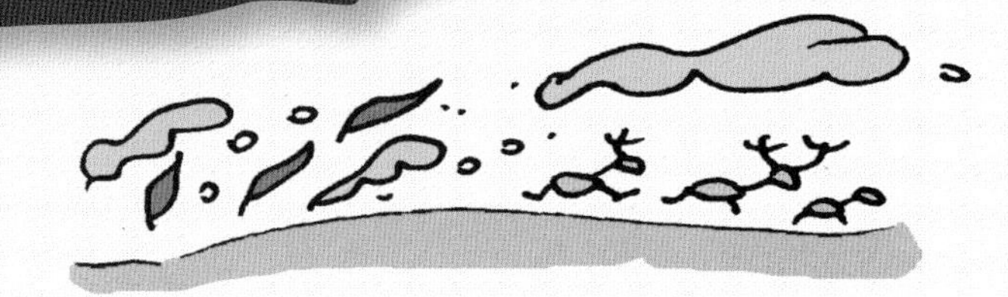

我们不知道第一个培育火种照明取暖的人是谁。他很有可能是一个不到一米高的毛茸茸的原始人。他应该不能算是现代人，有可能生活在70万年前的非洲或者中国。很久以前，我们的祖先使用粗糙的石块作为谋生工具。在这个过程中，不止一个人发现，一些石头摩擦或击打时能制造出魔幻的火花，这些火花可以将周围的干草点燃。

另一些躲避了雷电火灾的人则意外地发现，被火烤过的肉很香。于是，一个伟大的金点子诞生了：保存火种并使之长明不熄。聪明的人类往火中投掷木料和干树叶以确保它不熄灭。

拥有世界

掌握了火的奥秘不仅为人类枯燥的生活带来了饕餮之享，也改进了人类交流的物理环境。除此之外，它让人们不再畏惧严寒，想住哪里就住哪里。这种随心所欲的感觉为人类带来了征服大自然、拥有全世界的幻觉，即便是凄冷的寒冬，人们依旧可以靠火获取能量。

我知道水火不相容，所以跟着一群哺乳类动物没命地往河边跑。直到河边我才觉得心里有点儿底。水不深，我们很轻松就过去了。再回看火光肆虐的对岸，还在逃生的动物们纷纷跳入水中，这个时候也顾不上身边的是羚羊还是狮子了，保命要紧。据说小山丘烧了一整夜，当太阳升起后，对岸一片焦黑。小不点儿们畏惧的哭声划破了寂静的天空，老人们都沉默不语。我们都在为自己侥幸活命庆幸不已。我鼓起勇气跳入水中，划向一无所有的对岸。

我小心翼翼地注意着脚底下，并四处寻觅各种被掩埋的动物残骸。我意外地发现其实被火烤过的动物味道还不错，好像火也并不是什么万恶不赦的东西。我随手举起一块没烧完的木块，想跟站在对岸岩石上的小伙伴们打个招呼，忽然一阵风从我眼前吹过，火又燃了起来。

头几天大家都用狐疑的眼光看着我，甚至不敢靠近我。现在每晚我们一大家子人都会围坐在火把周围聊天。狮子和狼群都避之不及。我们白天捕猎、采摘水果，晚上就坐

在火边烧烤食物。烤熟的肉更加软嫩，咀嚼起来一点儿也不费力，这就为猎人省下了很多时间，可以用来跟大家分享白天的经历。比起口述，他们更擅长用肢体语言来还原所见所闻。他们宣称听到了藏匿于山头的神的呼唤，还拍着胸脯说听到了河神和树精的浅吟。火的发现为我们驱逐了黑暗与恐惧，让我们觉得从此与神灵更近了。

每一个革命性的创意都会遇到一些评论，
归纳起来有这么三种可能：
1. 完全不可能
2. 有可能做到但不值得
3. 我总这么说，这是一个绝好的金点子
——亚瑟·克拉克

2 语言的产生

旧石器时代的金点子

在过去600万年的时间里，人类历史经历了一轮又一轮的兴衰更替。人类由最初的大老粗模样逐渐进化成直立生物。我们的祖先也越来越有智慧，大脑容积也扩展了3倍之多，这使得人类在进行学习和记忆等脑力活动时更加轻松。与此同时，人类也逐渐具备了将自己独特的思想向外发散传播的能力。

语言是一门用符号、手势和单词与他人沟通的学科。我们从小就通过观察和旁听大人与其他人交流来学习怎么说话。为了交流，我们的祖先创造出了一整套词汇。我们刚出生的时候会喊“妈妈”，之后或许就学会说“我饿了”“救命，我怎么会在这里”。然后有些人会指着水果说“好吃”，并伴之以微笑的表情；或者扮着鬼脸吐舌头大喊“难吃”。在不经意间，语言文明就这样诞生了。

给周围的东西起名字是一件很有趣的事情：太阳、云朵、狮子、羚羊、舅舅，等等。不过有一个比较棘手的问题，当你和你的同伴对物种的称呼还未达成一致时，想象一下你们打猎时的场景……

无论是在篝火旁，还是在狩猎或是捣鼓石块的过程中，人们赖以交流的语言也日渐丰富起来，各种各种的名词和动词纷纷产生。即便当时的人类较有些物种具备更少的发音器官和发声能力，但词汇的逐渐丰富仍势不可挡，人类创造并学习词汇的激情与日俱增。人们通过语言在部落、家人间互相传递信息、交流感情，这本身便是一个无比伟大的金点子。

3 艺术的产生

与此同时，人类开始在所到之处留下一些难以磨灭的记号。他们在岩石、墙壁或是深穴的洞顶作画：动物、人类、男人、女人，还有格斗狩猎的凶残场景。

这些原始岩壁画通常是一个部落发展纪要的缩影，用以昭示后代克坚勤勉。有的岩壁画也会涉及捕猎场景，也有为狩猎人、酋长或者大巫师献礼的，以此代代相传。只是这些岩壁画并不都能完整地留存上万年。

其实岩壁画很神奇，与火光在岩洞中布下的影子颇为相似，内容也多为对狩猎的美好愿景。我们常常能在岩壁画中看到很多手印，这是部落人丁兴旺的标志，也寓意该部落强大不可侵犯。这些神秘的重复标识也给途经此处的人传递了必要的信息。有些艺术作品，如西班牙阿塔迈拉的岩洞壁画就绘有形态各异、尽善尽美的非洲野牛造型，直到今天我们仍能清晰地捕捉到这些图案。

所有的岩壁画往往都有一定的寓意，或是传递一些信息，或是讲述一段历史，又或是表达一个想法。总之，这些光怪陆离的金点子通过这样的方式给现代人带来了无限遐想。

4 石器的发明

关于石头的金点子

我们每天都会用到数不尽的物品和工具，自行车、电池、螺丝刀、平板电脑等等，要给这些东西列一份清单恐怕上千页也不止。可是在百万年前，我们老祖宗能使用的工具就是大自然赐予的木头、动物骨头和石头。

人类亲制的第一批石器工具看上去和碎石块无异。这些石器被用来宰杀、切割捕捉到的动物，并将其骨肉、皮毛分离。这些工具并非随性所制，而是经过深思熟虑精心打制的。部落里几乎所有的人都会参与到石器工具的制作过程中来。而这些工具也随着技术发展变得愈加成熟，杏仁状石器、金属薄片以及能在木头和骨头上打孔的工具也逐渐成型。

一些大自然赐予的原料也可为人所用，比如几百公里外的火山岩石，黑曜岩便是一个很好的例子。

12000 多年前，
人类长途跋涉来到了他们
所能走到的最远的地方，
然而……

在旧石器时代，每一个创造发明都需要经历一个漫长的阶段。似乎250万年前我们的祖先打制出的第一批石器工具还近在眼前。但在新石器时代，这些东西早就是另一码事儿了。

整个旧石器时期，人类都在使用各种石头，直到发现了燧石(一种比较常见的硅质岩石)，这种石头又称火石，质地坚硬，破碎后能产生锋利的断口，之后绝大部分石器都是用燧石制作的。大约一万年前，光滑的石器工具取代了锋利的断口石器，这一转变标志着“新石器时代”的到来。彼时适逢第四纪冰期末期，而这一金点子的到来将开启新的纪元。

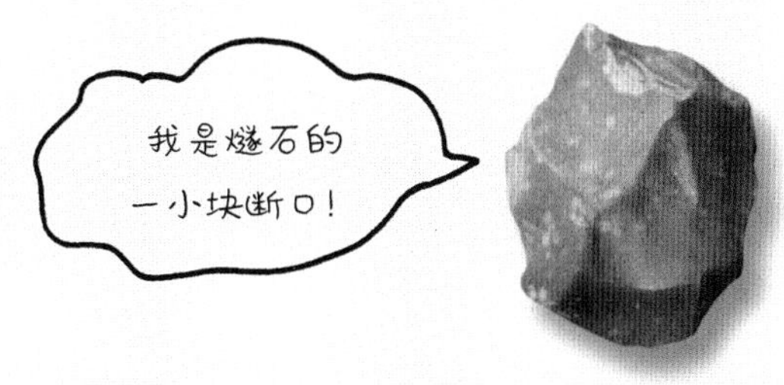

两居室加厨卫

最初的住宅也是石头搭建的。在某些地区，人们凿穴而居。在土耳其、阿富汗和中东地区，智人和穴居人便密集地群居在这些洞穴里。当时的居住理念就是尽可能利用已有的自然条件，避免随意搭建新的建筑。

卡帕多奇亚（土耳其）“穴居中心”便是古人曾经落脚的地方。

进化中的伟大想法

时间在流逝。我们离开了棚屋、森林和清泉。鹭、丘鹬、大鹬、美洲野牛、狮子、鬣狗在不断迁徙，我们也是。

5 时间的记录

动物们通常都知道什么时候该撤了。它们的本能会告诉它们何时下山、何时往北或往南迁徙，去寻找更为丰美的草原以养育后代。从遗传学的角度来讲，它们会不自觉地跟着大部队一路迁徙，无论是蝴蝶、鸟类，还是大象。我们人类也是如此，日复一日，年复一年地跟着大型动物们转移家园。

年的发明

关于时间，我有一个金点子。我观察到，当太阳在某一个时间点落山，雨季便随之来临；当夕阳西下落在另一个时间点上时，草甸上便开满了鲜花，一些水果也成熟了，长居山头的野狼和其他动物们也开始陆续下山。太阳成为人类度量时间最客观的参照物。几百万年前，太阳也像今天这样起起落落。夏至这天（北半球6月21日或22日），太阳直射北回归线，是北半球一年中白昼最长的一天，之后便渐渐往南回归线转移直到冬至（北半球12月21日至23日之间），那天是北半球白昼最短的一天。一年后，太阳又像往常一样在某个时间点升起和落下。我知道太阳在某个山头落下后会发生什么，我简直就是一个巫师。

土耳其哥贝克力石阵遗址。遍地都是古老的庙宇、瞭望台，12000年前，这里是游牧民族生活栖息的地方。

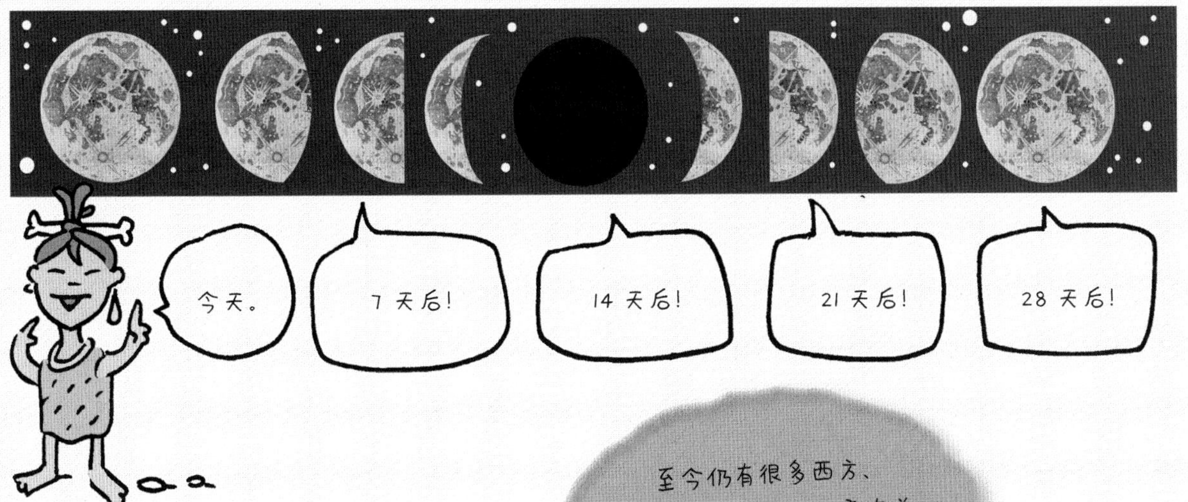

至今仍有很多西方、
东方的宗教节日与月亮有关。
复活节就设在春分月圆之后
的第一个星期日。

月的发明

月亮是大自然赐予我们的另一个计时工具。作为地球的天然卫星，月亮日复一日绕着地球公转。我们仰望星空，能观测到不同的月相，从新月到形若银钩的蛾眉月，从蛾眉月到半轮状的上弦月，这一过程需要7天时间，而从上弦月到满月则又要经过1周时间。7天后，满月回归下弦月的形态，再过7天又消失在漆黑的天际。事实上，它并没有消失，这时的月球位于地球和太阳之间，以黑暗面朝向地球，又称“朔”，也就是我们常说的“新月”。月球每29天半完成一轮公转，所以人们多以月相拟定节日。月和周的概念也应运而生。

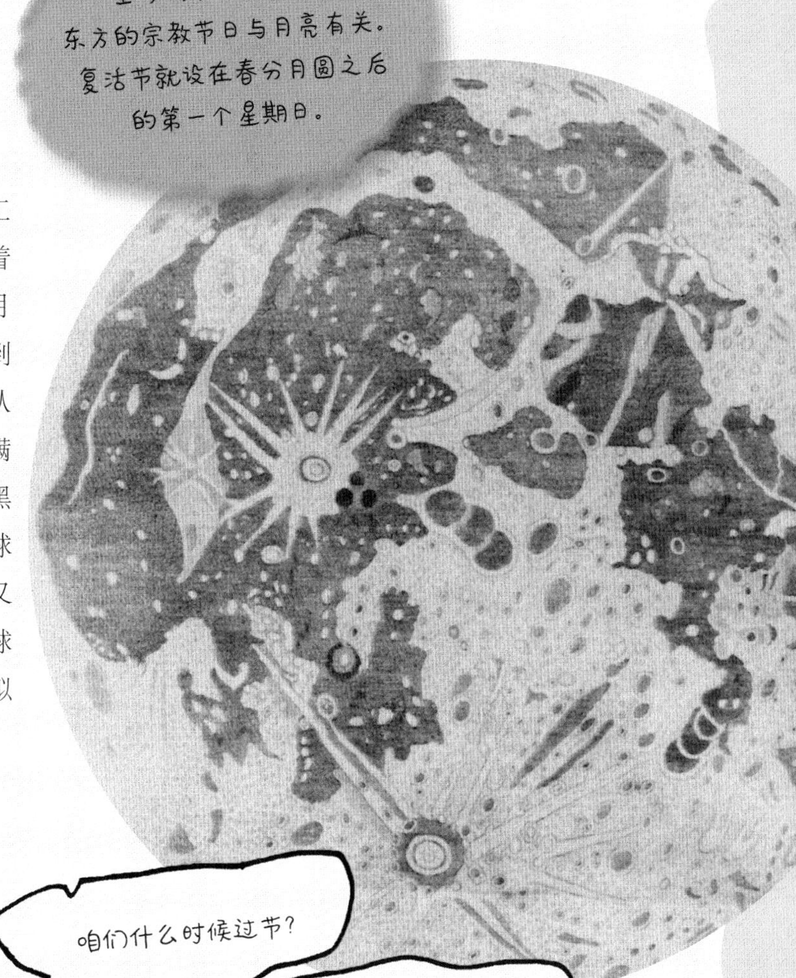

6 音乐的产生

从噪声到韵律的绝妙主意

大自然从来不是悄无声息的。善于聆听的人会发现许多意外惊喜：风声、海浪声、树叶声、鸟儿的叫声、流水声……这些都是地球的原声音乐。有些声音动听而美妙，叫人回味无穷。于是我们便利用大自然中的材料来重现这些美好的韵律，例如岩石。早在一万多年前，敲击岩石的摇滚乐就诞生了。

嘭嘭
嘭嘭
嘭嘭

在一个山洞里，我发现了一个奇妙的现象。击打一下悬挂在洞顶的钟乳石，能发出悦耳的声音。这声音在黑暗中蔓延、回荡。击打附近的更短粗的钟乳石则发出另一种声音。我把所有的钟乳石都试了个遍，神奇的声音不断蔓延叠加。我的同伴在岩壁上画着鹿和野牛，火光把我们的影子映在岩壁上，我开始了人类历史上第一场洞穴演奏会。

大自然提供了无数会发声的物体：中空的树干、竹竿、贝壳、龟甲、干豆荚。只要选择然后创造即可：摇铃、口哨、喇叭、弦乐器、响板等等，创造你想要的声音。孩子们，这就是摇滚，旧石器时代的摇滚。

音乐是时间的艺术。
——伊戈尔·斯特拉文斯基

呜~~呜~~

动植物乐器

晒干的南瓜可以做成沙锤。大豆角荚和许多其他植物同样如此。海边收集的贝壳和蜗牛壳可以做成摇铃。女孩儿们跳舞时把它们戴在脚踝上。

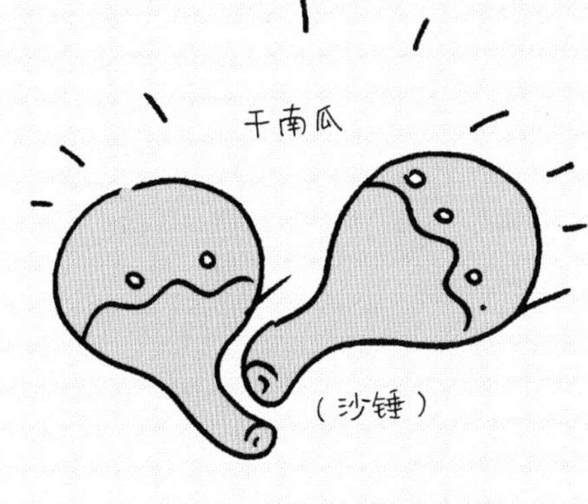

贝壳串

> 音乐的特点和生活如出一辙。
> 平淡却可感知，强大却又脆弱。
> 哪里有生命，哪里就有它。
> ——伊格纳西·帕德雷夫斯基

鸟类的骨骼是中空的，能发出非同寻常的声音。竹子和芦苇可以做成长笛或其他管乐器。在空中转动的圆盘会发出低沉的嗡嗡声。这是一种古老的乐器，已经失传。如今在森林中，动物们仍会竖起耳朵聆听这奇怪的音乐，它就像是一只大黄蜂发出的嗡嗡声。

7 驯化野生动物

我发现一条小狼崽，它在不停地打战，出于怜惜，我把这个小可怜拎起来，捂在我的毛皮大衣下取暖。大人们并不赞成我这样做，在他们看来，动物就是抓来吃的。可是，当小狼崽用温和的目光看着我时，我不忍心对这它下狠手。它就这么慢慢长大，成了我的玩伴。如果不是个儿太大或是它本能的兽性日渐显露，也许它会永远留在我身边。如果它并不急切地想要回到森林寻找同类，它将永远是我的好朋友。

做伴的幼畜

幼畜很容易被收养它的人驯化。有心的人可以驯化各种动物，不管是羚羊还是野山羊，狗熊还是海狮，狍、狐狸、小猪还是野鹅。当然也并不是所有动物都适宜和人类相处成长。

第一次人工选择

有些动物驯化起来很容易，对人畜来说是一种双赢。这些动物在人们的悉心照顾下日渐成熟并顺利地产下幼崽。就这样一代又一代过渡成真正的“家畜”，它们的后代也变得愈加温顺且对人类有益。

我们现在看到的，诸如山羊、绵羊等家畜，也是从野生品种慢慢驯养繁衍而来的。这个历经千年的人工选择过程，就叫做“驯养”。

基因的选择

在我们祖先智慧的福荫下，狗成为世界上第一种家养动物。现在我们看见的家犬都是由灰狼驯化而来的，它们的生活习惯和旧石器时代的人没有太大的差别：群体狩猎，有自己的首领，跟着食草类动物迁徙。

同人类外出狩猎的狗最后变成了人类的好朋友，此后，山羊、绵羊、猪都变成家畜，最后牛也加入了家畜的行列。其中牛和我们的老祖先关系尤为紧密。人们饲养牛，用牛祭祀，食用牛肉。牛在埃及被奉为牛神亚皮斯。

有关驯鹿的妙想

如今，我们还能在阿拉斯加、挪威、瑞典和格陵兰岛上看到驯鹿。驯鹿的驯化可以追溯到17000年以前，最后两个冰川期之间。事实上，驯鹿起先是被人类的粪便吸引而来的，排泄物中的盐分让驯鹿垂涎欲滴。其实，驯化驯鹿未必是人类的主意，也许正是它们自己的想法。

猫是众多驯养动物中
最常见的，虽然如此，
面对它们的种种特立独行，
我们时不时会产生这样的困惑：
到底是猫在驯化我们，
还是我们在驯化它们。

关于大陆和海洋的金点子

硕大的树干在河面上漂浮，顺着水流一路向前。我们的祖先发现，站在这些粗壮的枝干上保持平衡不落水是一个不错的游戏，这对部落里的年轻人来说也是一个绝好的挑战项目。

8 第一次航行

我们是陆地上的穿行者，也是天生的航海家。17世纪，欧洲人“发现”了大洋洲，而早在6万年前就有人登上了这片土地，彼时的大洋洲幅员辽阔，从塔斯马尼亚州一直延伸至新几内亚岛。当时的海平面可不像现在这么高，冰期时的高度甚至比现在低100米，所以我们今天看到的汪洋大海下该藏匿着多少岛屿呀。我们的祖先正是在那时候开启了人类的航海活动。最初的小船非常原始，他们乘舟迎风逐浪，跨越了一片又一片陆地，而这些陆地如今已经被海洋分割得支离破碎。关于人类历史上远距离的航海跋涉，我们一定会有无数的疑问：载人的是木筏吗？有带动植物吗？全家人一起上的船？谁是第一个造船人？总之，这简直就是旧石器时代的一个伟大发明！

边界？虽然边界是客观存在的，但也只是存在于人类的意识里。
——托尔·海尔达尔

新石器时代的航海故事

自诺亚方舟这个传说诞生之日起，掌舵的人类就当之无愧地成为了航海专家。在过去的几万年里，人类航游万里，穿梭于大海大洋间。早在10万年前，人类就已经到达克里特岛和地中海其他岛屿。

诺亚方舟？
这简直就是
一个天才创意！

其实，沿河的部落早就发明了独木舟、桨和橹，因此也并不需要凿空树干造船，只消将沿岸疯长的芦竹放倒并捆成一排就能做成竹筏。有了这个杰作，无论多远，埃及、澳大利亚的塔斯马尼亚州还是秘鲁的的的喀喀湖，或是撒丁岛，全然打通了一般。更有甚者，为了漂游大洋，有人精心打造了一艘水獭皮或海狮皮质地的皮艇，真的是很酷！

9 探索新世界

聪明的人类总是善于观察并总结大自然的规律，他们渐渐意识到风能可以为人所用并协助航行。最初的帆布由皮革缝制或是植物纤维编织而成。在埃及，最初的大型帆船用的是纸莎草做的帆布。帆布可以被视为第一个使用清洁能源的好例子。

1947年，一个叫托尔·海尔达尔的挪威人用西印度轻木打造了一艘名为“康提基”号的木筏。他乘着这艘木筏，从秘鲁卡亚俄港来到南太平洋图阿莫图岛，航行超过6000公里。他想通过这次伟大的壮举向世人证明：史前人类也能横穿大洋。

10 农业的诞生

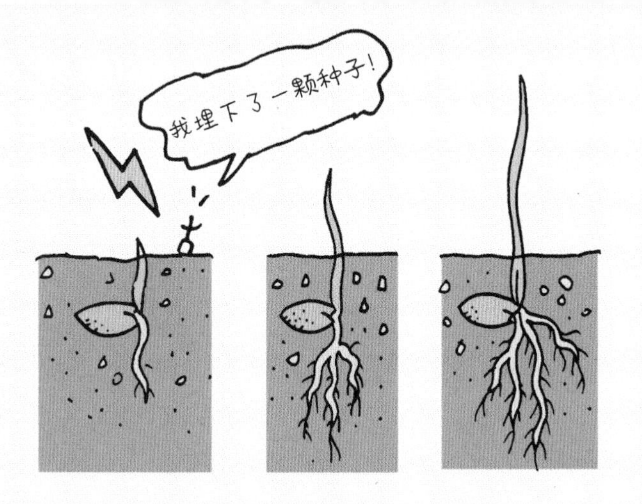

上千年来，人类都没有固定的居所。部落迁徙频繁，动物皮毛或树叶常被用来搭建临时房屋，而天然的洞穴也是游牧民族绝佳的栖息场所。人们不停向新的家园进发，留下逐渐荒废的村寨，不久，那里便荒草丛生或被淹没在洪水中。几千年来，随着季节的更替，人类追随食草动物的脚步在南方与北方、平原和牧场之间来回迁徙。他们依靠狩猎、采摘来维持生存。即使他们在牧场放牧，也遵循着迁徙法则。久而久之，他们盘算出一个绝佳的金点子。

造福人类的大戏法

在一些地方，也许是满溢的河水润泽了土地，又或许是上帝的安排，人们发现适宜的自然条件能够滋养更多的谷物和水果。我们在这里停留3个多月了，却意外地发现大自然母亲如此给力，我们随手扔下一颗种子，不久便发了芽；几个月后，又长成一株有20～30颗种子的植物。世界真是奇妙！在黑漆漆的泥土中，种子静默不动，不过多日，它便铆足了劲儿生长、繁殖。种瓜得瓜，种豆得豆；前人栽树，后人乘凉。收获的果实不仅帮助人类挨过漫漫长冬，还让偶尔降临的饥荒不再难熬。耕种让人类不再畏惧饥饿，在温饱中体验人的尊严。

感谢农耕，
让人类学会了等待。

最初的农业文明之一就诞生于安纳托利亚高原东部，位于底格里斯河与幼发拉底河之间。

在新石器时代，
人们有关农业文明的创意包括：
把嘴里的食物吐出来，埋在土里，
静候发芽，长成植株，
收割粮食，如此反复。

村落逐渐固定下来

如果世界上存在安乐窝，那也就没有舟车劳顿、四处迁徙的必要。自从有了农业文明，人类栖息的场所也就相对固定下来，屋舍在谷仓四周成倍扩建，谷仓里存放着所有人的口粮。人们开始寻思建造更结实的屋舍，从地面以石块堆垒而成。一些植物的种子还可以做成汤羹甚至糕饼，种子在木制或石制的臼中被研磨成粉。

集体劳作

人们开始在村寨边界修建栅栏以保卫现有的土地。较之辛苦耕作，不少外族人热衷不劳而获的偷窃。从此，很多东西在悄然改变。谷仓成为我们供奉上天的神庙。社会分工开始初步显现：并不是所有人都在田间耕作，有相当一部分人负责打造生产工具和防御武器。温饱已经不再是一个问题。狩猎和耕作之余，生活在村寨里的人有了更多时间来进行思考、享受节庆和做头脑风暴。

11 陶器的发明

一块可塑土

我在一处河湾发现了它，在上面走几步便能留下清晰的脚印。我弯下腰用手在土里深挖了两下，呵！这土可真是与众不同，完全不会破碎！当然也不是硬邦邦的那种，它摸上去柔软而湿润，特别容易塑形，什么动物啊瓢盆啊圣母像啊都能捏出来。当造型风干后，就变得无比坚挺，跟石块似的。如果把它做成容器，既可以盛水和发酵果汁，又可以装植物种子。

天然的陶土或者白垩土都自带色彩：灰色、白色、黄色、红色、褐色甚至黑色，这些都是矿物本身的颜色。这是一种特殊的材料，置于太阳下会自然风干并迅速成型，而最初的陶土制品就是这样制成的。然而从自然风干到烧制工艺的过渡也并没有经历太多周折。如果把捏好的土坯放在火上烘烤或直接放进600摄氏度的高温窑中，它会迅速脱水成型。一件陶土制品就这样诞生了。

烧好的陶土制品表面还要进行抛光，这样手感才更光滑，也能防水。这条流水线上下来的瓶罐能够装种子、香水、饮用水和葡萄酒。如果有兴致，还可以在进窑前或出窑后上彩或绘图以增强它的观赏性。现在我们可以称之为陶瓷了。

1400年前，中国人
将一种白陶土烧制成精美名贵的瓷器，
马可·波罗在他的游记中
将它称为“白黄金”。

12 砖头的发明

砖头就是一个用木框定型的平行六面体的陶土。当然，其他国家也有用泥浆和麦秆砌成并通过太阳风干制成的砖头。如果陶土质地优良，烧制成型后便坚如磐石。

砖头的金点子并非砖块本身，而是为陶土定型的模具。这个四四方方的模具小巧简单，在定型工序上屡试不爽，为人类省下相当多的精力。

建造巴别塔

我知道，我们这是在与天公叫板。在巴比伦，我们日复一日地堆垒砖块以铸造围墙、庙宇、水井、堤坝和运河。这里诞生了通天塔的奇思妙想。这座巴别塔的正方形底座长达90米，人们幻想着建成之日能站在顶峰与神灵对话。

关于流行和文明的金点子

穿衣遮羞其实是基于非常现实的需求。天寒地冻时，人们亟需衣服御寒，酷暑炎炎时则需要衣服遮体。时尚……就这么产生了。

13 衣服和周围的世界

最早的衣服

百万年来，我们的祖先都习惯于用撕扯下来的动物毛皮遮羞。如今，我们穿上了裁剪合体的裤子和上衣。一些动物的骨头和筋腱可以用来做针线活，这些衣服看上去很赞了，

只是有点味儿吧。后来我发现，如果把动物毛皮放在温热的泉水里浸泡清洗，上面的毛发会很容易去掉，如果水里有枝干或树叶，那毛皮就会变得异常柔软，异味也会消散。最初的鞣制就是这么来的。

纺织

纺织、编织等概念始于旧石器时代末期。在漫长的觅食过程中，负责狩猎和采摘的人逐渐懂得用手里的植物藤蔓或纤维编织网兜来捕鱼或狩猎。聪明的人类用灯芯草和各种植物的茎蔓编织出篮子、席子和各种容器，也渐渐摸索出纺织工序中经纬纹理的编织法则。到了新石器时代，村落的出现加速了编织技法的完善，真正意义上的织布就是在那个时候诞生的。从秘鲁到中国，从美索不达米亚平原到埃及，纺织的出现几乎在全世界范围同步。最初的布是由亚麻、纤维和大麻等材料织成的。

8000 年前，中国就能生产出一种极为珍贵的纺织品：丝绸。丝绸是由蚕丝制成的。

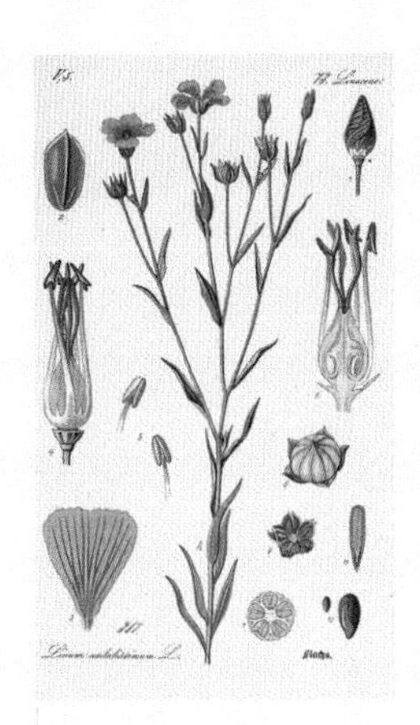

亚麻
种植史超过8000年。

穿衣打扮

穿衣打扮对现代人来说是一件再平常不过的事，冷的时候穿运动衫或羽绒服，热的时候换热裤、T恤。而在眼花缭乱的时尚背后，哪怕是一件再简单不过的毛衣，都离不开精密复杂的工业流程、无数劳力的付出、耕种植物的漫长岁月和笨重机器吱吱呀呀的运转。如果没有这些，给自己做衣服是一件庞大而不可想象的事。时尚业正是从这里起步的。

纤维

从动物身上获得的纤维大多取自羊毛或是驼毛，而植物则多是亚麻、大麻或是棉花。

纺线

要想织成一匹真真正正的布，需要很长的质地均匀的丝线。手工摇纺过程是很漫长的，也是我们通常所说的“纺纱”。劳作者通过一拃长的纺锤从一大团纤维中抽拔并搓捻丝线以获得均匀的线纱。

纺织机

纺织机是一种整理纱线经纬的装置，机身垂直于地面，运作原理十分简单，近现代游牧民族还经常用它来纺布。纺织机由两根木棍支撑而成，两根横向的与地面平行的木棍上挂有重物以拉伸丝线。纬纱随骨制针穿梭于经线间。

说罢衣服，那么鞋子呢？
为方便狩猎，鞋子在旧石器时代就出现了。
经过鞣制的动物毛皮便是制鞋的原材料。
埃及人最早使用明矾处理动物毛皮，
它可以使皮革通透柔软。
古代埃及法老就喜欢穿皮革凉鞋……
真腐败！

14 金属的冶炼

在烧制陶土的时候人们渐渐发现了一些别的什么。当温度达到某个点后，高温炉上的石块便会渗出一些滚热的液体。

石头熔化的奥秘

铜在1083摄氏度的环境下熔化，锡在232摄氏度就熔化了，铁要1535摄氏度，金要1064摄氏度，银要962摄氏度。可是烧制陶土的高温炉并不能经常达到这些温度。受此启发，人类开始寻思制造金属制品。

冶金鼻祖

这就是我的工作：熔化岩石提炼金属，然后把炙热的熔浆浇灌到模具中，待冷却后，金属制品就做好了。我们可以根据自己的需要把金属加工成不同的物品：戒指、臂环、长矛等。冶金改变了人类的历史。起先我们也就打制一些珠宝、耳环、王冠和头饰，渐渐地，我们开始不满足于这些，刀、剑、匕首等武器接踵而至。

青铜

在熔化岩石和矿物的过程中，人们发现如果混入另一种金属——锡（多存在于锡矿中），那么冶炼出来的金属质地会更优良。纯铜加上锡便能获得青铜合金。如果两种金属配比适中，那么冶炼出来的合金的属性优于原金属好几倍。由此“铜器时代”落幕，“青铜时代”拉开序幕。

铁

拥有制青铜技术的民族开始征服邻国，青铜使他们战无不胜，直到有人发明了一种更为简便的制铁技术。铁元素在地壳中的含量很高，但纯铁却很少。从铁矿中提炼的铁比较脆，抗打压能力弱。当铁器还炽热发红时，如果不停地捶打它，不仅可以将结在上面的熔渣打散，木炭棒上的碳还能够与铁元素结合，在表面生成一层无比坚硬的钢膜。

这样的化学反应如魔术般令人着迷，而钢铁技术的发明与运用则到19世纪才充分被人类挖掘，此后，炼钢被大规模使用于工业文明的生产生活中。而那个第一个发现钢铁的“魔术师”用天才的创意影响并改变了古代文明。

铁与铜的战斗力简直就是1:0！

嚓！

真可惜，这个老古董已经过时了！

啊！

15 不滚动的轮子

最开始的轮子并不是用来在地上跑的，而是用来做陶器的，今天我们看到的制陶工艺仍然离不开转盘。起初，制陶人用手旋转转盘，堆在转盘上的陶泥在惯性的作用下慢慢成型，人们也可以在这个过程中控制它的厚薄度。原始的轮子一般由陶土、石头或木头制成，中心被固定在一个转轴上面，这样转盘就能顺利地围绕圆心自由转动了。

车轮的诞生

我用人力或畜力运输货物，其实就是把重物放置在平板上水平拖移。在草坪上自然是毫不费力，可是在大马路上就有点费劲了。机智的我在滑板下安了两个陶制转盘，之后又增加到四个。那几个轮子毛糙极了，每个转盘都由两个半圆周状的盘饼拼接而成。这样的装置尤其受教堂神父青睐，我们经常能在宗教仪式队伍中看到它们。

战车车轮

后来人们又将车轮运用到战场上，于是，轻便快捷成了他们改进车轮的目标。这些战车具有带辐条的车轮，轮上装有坚固的箍，并且车轮用楔子紧紧钉在轴上。包括希克索斯人在内的一些民族由此变得战无不胜，他们横扫埃及的土地，傲视群雄。

石轮杀人狂魔

这是一个异常沉重的石轮，位于东安纳托利亚20米深的地下。它的质量和体积能够阻挡任何一个试图闯入的侵略者，几乎所有冒犯的敌人都惨死在石轮下。

16 滚动的轮子

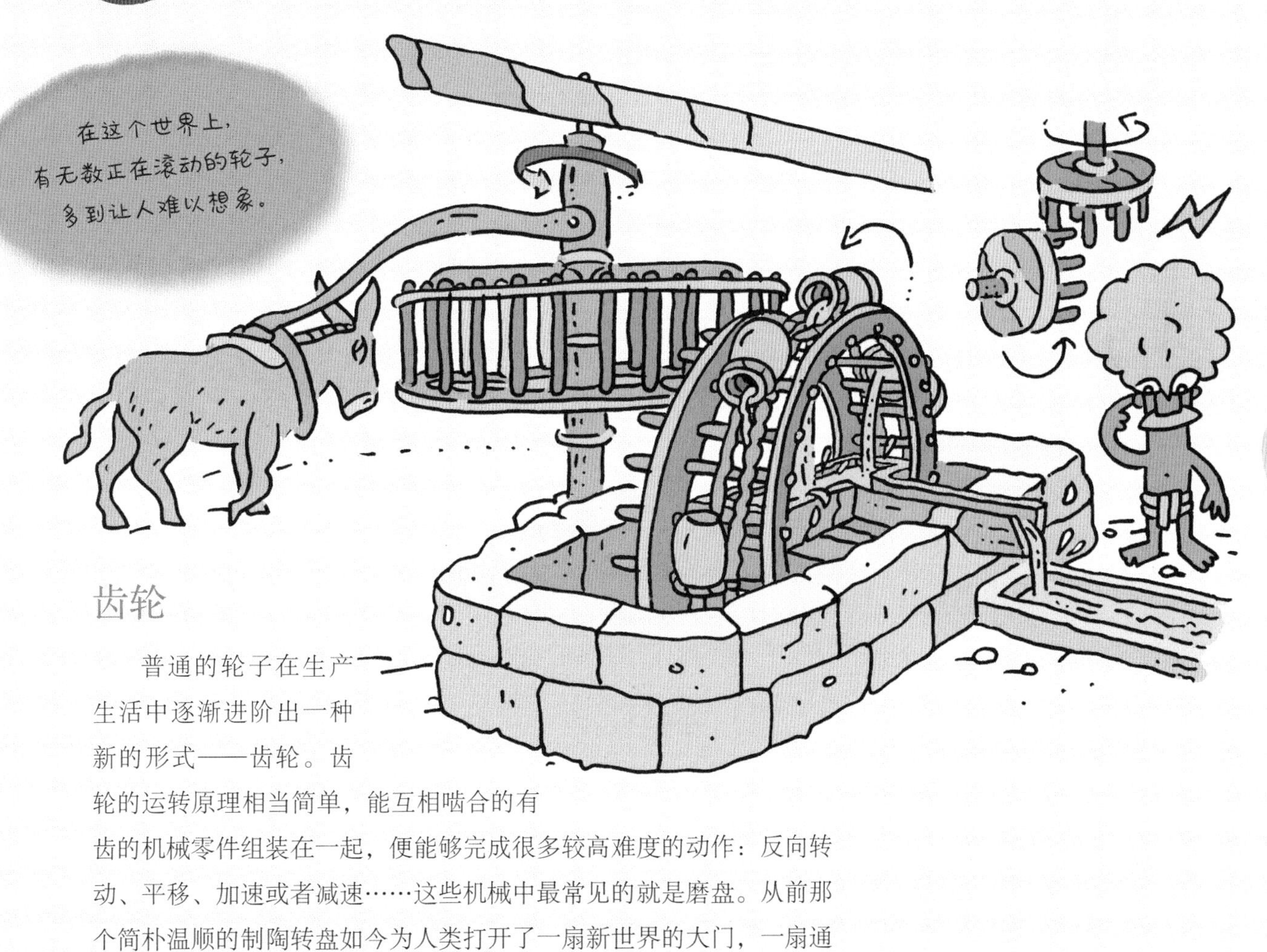

齿轮

普通的轮子在生产生活中逐渐进阶出一种新的形式——齿轮。齿轮的运转原理相当简单，能互相啮合的有齿的机械零件组装在一起，便能够完成很多较高难度的动作：反向转动、平移、加速或者减速……这些机械中最常见的就是磨盘。从前那个简朴温顺的制陶转盘如今为人类打开了一扇新世界的大门，一扇通往机械文明世界的大门。

想法生想法

谁是第一个书写文字的人呢？也许是手工艺人吧。为了给自己的货品做标记，他得根据订单挨个儿画记号。让我们想象一下，下单的客户也许来自苏美尔……

17 文字

我取了一点儿制砖用的软陶土，把它打平实，用一截枝干在上面做一些备忘记录：订单客户的姓名，要多少只陶罐，用多少只羊和篮子交换，要给国王和神父进贡多少所得。

由此，被太阳烤干了的陶板留下了人类文字的印记，所有人都可以通过它获取信息。这个小小的举动使人类文明又向前迈进了一步。

从此以后，所有人都开始在陶板上写写画画，神父、商人、士兵、建筑师……满足书写需要的陶土从来都不缺，而底格里斯河和幼发拉底河流域的阳光也很充足。

你总是在那儿写写画画！

是呢！

记录人类的记忆

画画总是一件颇费精力的事，费时不说还需要充裕的空间。于是我们创造了一套楔形文字，这样可以简化我们所要书写的内容。有了这些符号，我们就能随时记录下那些名字、话语和发生的事情。有了它们，即便是几个世纪前的爱情宣言也可以跨越时空来到我们眼前，在伦敦或者纽约的博物馆里静候世人解读。

楔形文字之后

在此之后，我们的邻居古埃及人又创造了一套新的文字：象形文字。在象形文字中，每一个记号都分别代表一个词语或动作。象形文字千奇百怪，充斥着奇怪的生物、昆虫和说不清道不明的东西。据传，象形文字使用了上千年。随后，人类的文字又经历了一次巨大的变革。

公元1世纪，
老普利尼在他的《博物史》中记述：
我们的腓尼基人创造了
伟大的字母表。

18 字母

古埃及的象形文字之后又经历了一轮改革，但用起来仍然不那么顺手。于是，富有创造力的腓尼基人发明了一套字母表来替代烦琐的旧体文字。字母表简单有效，里面有大约20多个字母，每个字母都有一个发音。20多个字母可以组合成无数单词以及各种语言。它的完美程度举世无双，现在都还在使用。

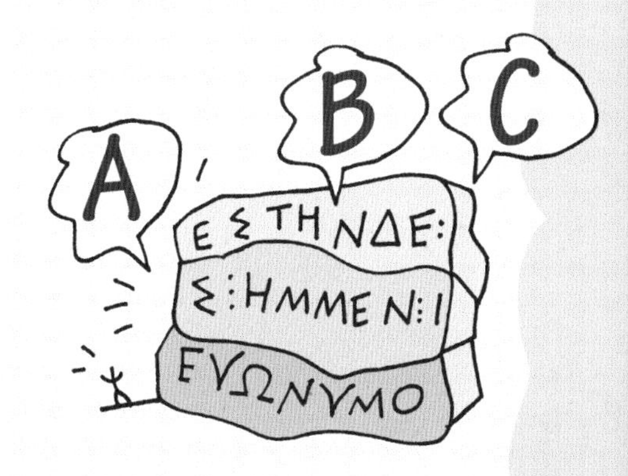

19 数字

谁创造了数字？

与其说是创造，不如说是“发现”：我们做任何事情都需要用到数字。不信你们可以试试没有数字的生活，我敢打赌你们一天都过不下去。这是哪年？现在几点？你有多少根手指？如果没有日期、时间、重量、距离和价格这些概念，你的生活将四处碰壁。

4万年前

从前居住在洞穴中的原始人在洞壁上留下了许多手印，那个时候他们已经知道数数这回事儿了。他们数动物、数人，在动物骨头上刻痕以计量物体的尺寸。一句话，数字让世界变得井然有序。有了数字，世间万物都能得到具体的表达。

人们为每一个数字命名：一、二、三、四……几千年后，人们发明了一种更为简单的标记数字的方法，那就是我们今天所使用的阿拉伯数字：1、2、3、4……事实上，阿拉伯数字是印度人在2000多年前发明的。

20 所有电脑的祖先

人们在算术的过程中逐渐发现，那些简单的数字并不能满足复杂的运算要求，于是他们中的一些人就开始用小球或其他东西来算术，算盘就是那个时代的产物。我们现在用的算盘跟那个时候的并没有太大的差异。第一个算盘是苏美尔人用陶土做成的，那时候他们用的可不是10进制，而是可怕的60进制！虽然看着很古怪，但这套60进制的算法至今仍在影响我们的生活，想一想我们的计时系统吧！

21 毕达哥拉斯

毕达哥拉斯是一位杰出的先贤。2600年前他出生于爱琴海的萨摩斯岛（现土耳其沿海）。他最出名的是与他同名的毕达哥拉斯定理（中国称勾股定理）。其实他的贡献远不止这些。他创造了“数学”这个词语，对他而言，数学就是追逐和探索的过程。毕氏学派的后生崇尚数学，他们信奉“万物皆数”。数学是真实存在的，它存在于音乐、建筑中，根植于人类的基因里，在我们下载的最新手机软件（APP）中，小到我们的年龄，大到宇宙的纵深，一切都布满了数字留下的痕迹。一个人一旦有了求索的渴望，那么无论他的关注点在哪里，都能迅速体会到毕达哥拉斯“万物皆数”的核心理念。

22 泰勒斯

科学诞生以前

几千年来，人类都在思考世间万物运行的规律与准则。在古希腊，人们把下雨或打雷归为宙斯的意愿；如果收成不错，那就是得墨忒尔女神的眷顾。在古埃及，河水泛滥殃及稻田显然就是尼罗神在发威了。这些可以用气象学、物理学和生物学合理解释的自然现象，在古代被人们一厢情愿地推给了巫师、萨满教徒和神职人员。在当时的认知范围内，所有有关宇宙超自然的现象都是由这些人掌管的，他们是连接上帝与人类的存在，人们理应为这些人兴建庙堂，按时纳贡并拜谒祷告。泰勒斯是那个环境下少数几个跳出思维怪圈的先知之一，和有志于解开大自然之谜的先人一起，他尝试用理性思维解读宇宙运转的规律。

我知道我是个传奇人物，人们把我列入古代七贤。虽然我们对人类的贡献几乎可以用几句话简短带过，但它对世界的影响依旧深远且深刻。公元前640年，我出生于古希腊小城米利都（今土耳其境内），卒于公元前547年。我最大的贡献？唔，我，泰勒斯，发明了……科学。

第一次用科学解释日月食

泰勒斯在一场战争中确立了威信，原因是他精准地预测了日食的到来，这给对手来了一个措手不及。此外，他大胆地否定了影响自然界的人神说，打消了人们对他“控制”自然的崇拜情绪，并指出通过对太阳和月亮经年累月的观察可以预测未来……这使当时的人们无比震惊。

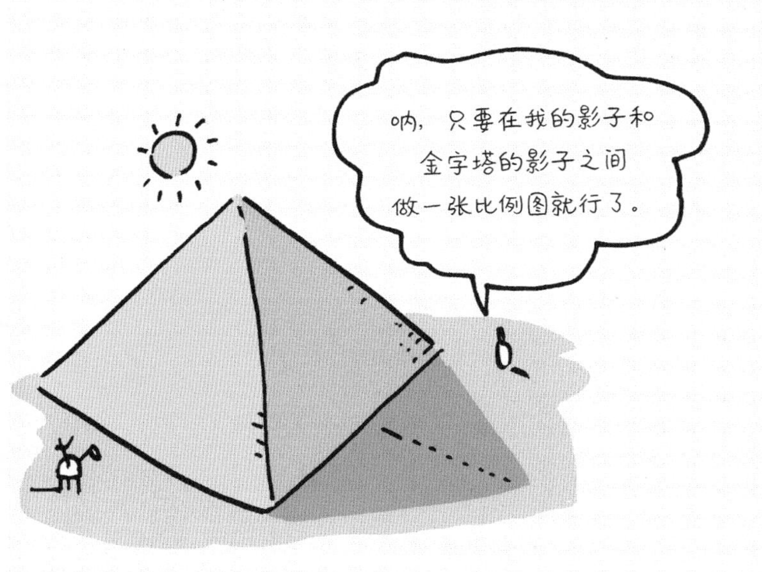

科学与金钱

当时的人们常对泰勒斯提出的那些学问不以为然，而后者用行动给无知的人类展示了知识的魅力：那是一个冬天，通过一番仔细的调研观察，泰勒斯判断来年橄榄的收成一定大好，于是立刻买下当地所有的榨油机并将它们高价租赁给需要的农民。所以，对精于知识的人来说，钱没有那么重要，但如果他们想要钱，知识能为他们赚钱。

23 阿那克西曼德

泰勒斯培养了很多非常有能力的徒弟，阿那克西曼德便是其中一个。他绘制了人类第一张平面大陆地图，图中所有大陆都被海洋包围。这是人类历史上第一次产生“世界”的概念，开始分辨东南西北，它比谷歌地图的诞生要早2600年。

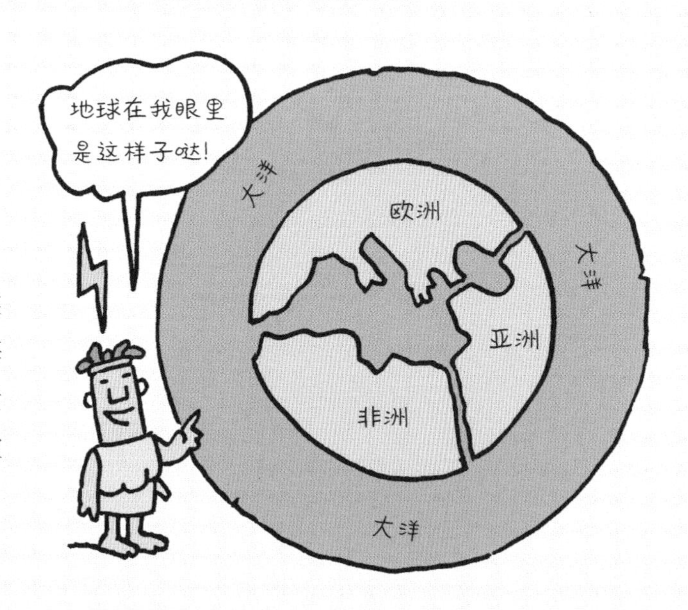

我是一个哲学家!

经典的金点子

泰勒斯是一个“哲学家”。“哲学家”这个词就是泰勒斯创造的，意为“知识的爱好者”。在他之后很多智者都被称为“哲学家”。

24 亚里士多德

公元前6世纪至公元前3世纪，古希腊孕育出一大批哲学家。他们终其一生探索宇宙是如何运转的。这群家伙拥有世界上最为丰富的想象力。其中最值得一提的是亚里士多德，他是希腊哲学的集大成者。亚里士多德创办了雅典学院，此外，受国王腓力二世的聘请，他还担任了当时年仅13岁的亚历山大大帝的老师。亚里士多德研究领域众多：地球的公转自转、动物身体内部构造、女人妊娠，还有社会运转规律……他最有名的大概要数得出“地球是球形的”这一结论了。

月食

当时人们坚信，地球像一块扁平的烤饼悬挂在宇宙上空。但亚里士多德反对这种荒谬的论断，他最先提出地球是球形的。他在《天论》里这样论证到：月食时分界线总是凸的，皆因月食由地球介入而生，分界线形状由地球表面决定，由此可知地球是球形的。

亚里士多德的错误

虽然我们的亚里士多德是一位难得的天才，但他在研究太阳运动时犯了一个天大的错误。在他看来，太阳就是一个和爱琴海上某个岛屿差不多大小的火球，悬浮在宇宙中，日日围绕地球旋转。2000多年来没有任何一个人敢质疑这种说法，直到伽利略出现。

25 元素

对哲学家而言，也许最烧脑的就是物质组成这类微观问题了：我们看见的、触摸到的还有嗅到的东西到底是由什么构成的？似乎除却我们的感官和大脑，再没有什么好的方式能客观地探究这个问题了。当然，这并没有阻碍求知成瘾的先哲们动用丰富的想象力来撬开物质本原的大门。比如说亚里士多德吧，他就认为万物始于水，包括土地和居住在这个星球上的所有生物；而阿那克西美尼则坚持认为万物之原是气，广袤的宇宙中有一些地方就存储着这些物质，它们汇聚在一起变成了水或者土地；埃拉克里托则把这份功劳推给了火；恩贝多克利提炼了众人的观点，认为这种基本元素是水、土、气和火的混合物。

亚里士多德的金点子

亚里士多德概括和提炼了当时的主流观点，提出所谓的“四元素说”。他认为土、水、气和火是构成世界万物的基本元素，而它们分别对应固态、液态、气态和等离子态四种物体存在的状态，这一观点至今仍然通行可靠。

26 德谟克利特

同时代的古希腊人德谟克利特提出了一个更令人瞠目结舌的观点：物质可以继续分解成更小的颗粒，这种颗粒是物质组成最基本的单位，是不可再分的物质微粒。在希腊语中，“原子”便有“不可再分”的意思。依照德谟克利特的观点，万物的本原是不可再分的原子。虽然今天我们知道原子并不是最小的单位，仍可以继续分解成更小的微粒，但德谟克利特的观点仍然具有相当的前瞻性，也许灵感来的时候他就站在海边，或是正在豪饮上乘的葡萄酒也未可知。

27 埃拉托色尼

公元前220年，埃拉托色尼被埃及国王任命为亚历山大里亚图书馆一级研究员。亚历山大里亚图书馆由托勒密一世建立，是古代西方世界的最高科学和知识中心，会聚了全世界最出色的科学家和哲学家。埃拉托色尼是一个很特别的研究员，当时的他潜心于丈量地球的圆周。

关于地理学的金点子

我曾听说这么个段子：每逢夏至的正午，在西恩纳（今埃及南部城市阿斯旺）看不到任何东西的影子，还有更玄乎的，据说太阳光可直射井底！我观察了一下，到了6月21日夏至当天，亚历山大里亚仍然看得到影子，而在西恩纳，起先阳光还同地面平行，到了正午，阳光完全与地面垂直，而那些较北一些的城市，阳光依旧同地面保持某个角度。于是我做了如下实验：我选择了同一子午线上的两地，西恩纳和亚历山大里亚，在夏至那天观察两地的太阳位置。当正午来临，我测量了位于亚历山大里亚一座方尖碑影子的长度，此时方尖碑和太阳光之间的角度为7°12′；随后我委派助手测量了从亚历山大里亚到西恩纳的距离。有了这两个数据就非常好办了，因为7°12′相当于圆周角360°的1/50，也就是说两地距离是地球周长的1/50，那么地球圆周的距离就应该是两地距离的50倍。由此我得出了地球周长为40009152公里的结论！

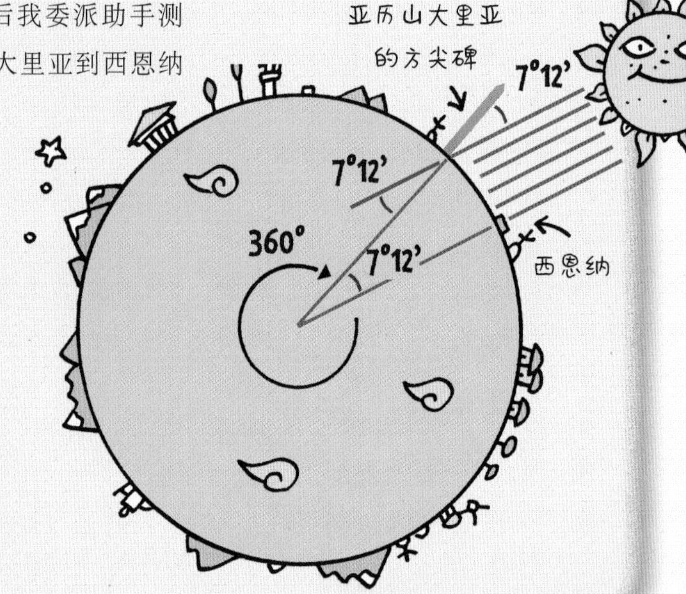

28 喜帕恰斯

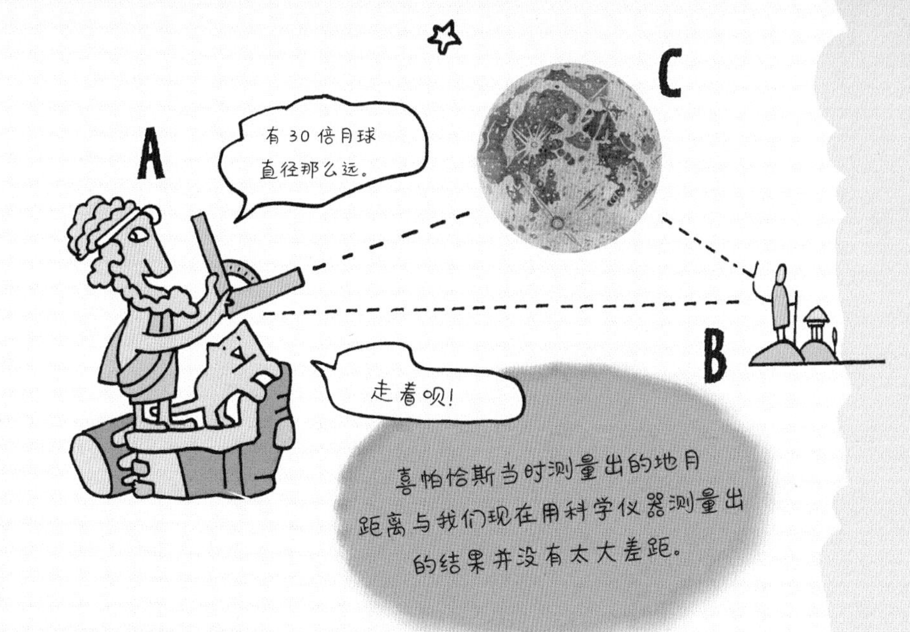

关于天文的金点子

生于小亚细亚半岛尼西亚的喜帕恰斯是埃拉托色尼的同事。他发现了“星等现象”，并测定了月亮视差。他效仿埃拉托色尼，通过地理学知识和精确的推算判断出地球与月亮的距离。

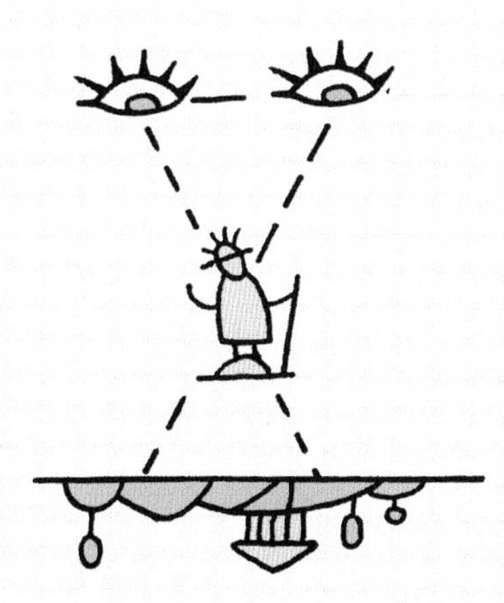

试着去相信眼前所看到的一切

喜帕恰斯意识到，当我们移动自己的位置时，就会发现与远处的物体相比，近处的物体的位置变化更加明显（你可以先观察一个近物，然后闭上一只眼睛，再睁开这只眼睛闭上另一只，如此交替，你就能体会到这个现象）。近物移动的角度既取决于自身位置变化的大小，又取决于近物与你之间的距离。知道你所移动的距离，你就能计算出该物体与你之间的距离。这就是喜帕恰斯的“视差”概念。不仅如此，他还给出了最早的三角函数数值表用以解决所有三角形的问题，为上千颗星星划分了等级并制作了可以预测星象位置的星盘。

欧几里得的金点子

埃拉托色尼和喜帕恰斯创立的地理学原理和规则沿用了上千年，不仅被用来绘制巴比伦运河图纸，还被用来建造金字塔。欧几里得将这些原理整理成书，奠定了整个欧洲数学的基础。欧几里得当时也在亚历山大里亚图书馆谋得一份差事。他的著作《几何原本》总结了平面几何五大公设，用牛顿的话来说，是历史上最为重要的书之一。事实上，这本书在几个世纪以来都极受追捧，受欢迎程度仅次于《圣经》。而当今的航空航天领域在设计宇宙飞船轨道时仍需要翻阅《几何原本》。

29 炼金术

在埃及，人们精炼盐和精油以保存尸体，也就在那个时候，炼金术诞生了。炼金术的字面意思是“黑土地艺术”。在亚历山大里亚图书馆，炼金术也成为了一门科学，炼金术师还兼研究新材料和新装置。

一个传奇的金点子

埃及早就有了黄铜，也就是铜和锌的合金，它的色泽和外观与黄金相似。制黄铜的过程让人们对炼金产生了向往，他们幻想着有一种神奇的“点金石”可以将铅炼成金。这是一项几乎不可能完成的任务，但也歪打正着地为现代化学的诞生开启了一扇大门。人们开始研究空气和蒸汽的特有属性，甚至搞出了一个能够克服重力，自由升降的小模型。有一个叫埃罗内的哲学家和工程师，他发明了第一个蒸汽飞行物，并借用风神埃俄罗斯的名字将它命名为“艾欧利皮拉”。这个小物件可以算真正意义上的蒸汽机，但谁也没见过它在当时有什么实际用处。

生不逢时的金点子

埃罗内的创意似乎来得早了点，整整2000年竟无人问津。当时的恺撒大帝和古罗马军团并不需要坐火车，而工业革命也并不显得那么紧迫。整个世界还处在人力和畜力劳动阶段，直到许多世纪后才有所改变。

30 阿基米德

我从澡盆里兴奋地爬了出来，大声喊着“我发现了！我发现了！”从此，我就一夜成名了。当时叙拉古的赫农王让工匠替他做了一顶纯金的王冠，但国王疑心工匠做的金冠并非纯金，便找阿基米德来检验皇冠，阿基米德把王冠和同等重量的纯金放在两个盛满水的盆里，比较从两个盆中溢出来的水的多少。他发现放王冠的盆里溢出来的水比另一盆多。这说明王冠的体积比相同重量的纯金的体积大，密度不相同，证明了王冠掺假的事实。

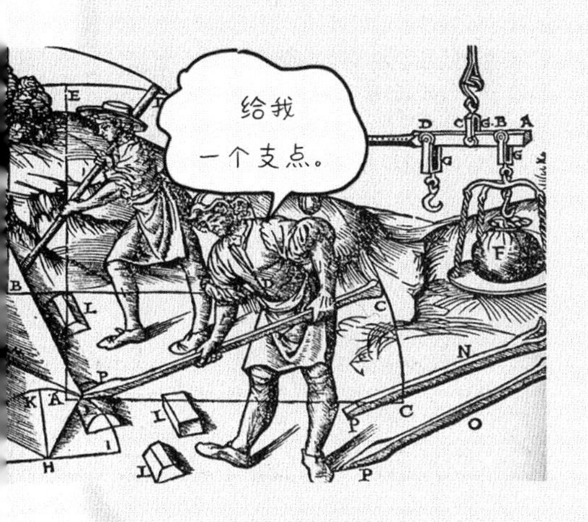

世界级的金点子

“给我一个支点，我就可以撬动整个地球。”相信你们对这句听起来吹破牛皮的话并不陌生。虽然没有撬地球，但我确实利用杠杆原理成功移动了叙拉古史上最沉的船。以我的名字命名的“阿基米德定律”是这样解释这个现象的：浸入静止流体中的物体受到的浮力，其大小等于该物体所排开的流体重量。这也是船能在水中不沉没的原因。

翻云覆雨的战争大师

阿基米德涉猎的领域相当广泛，小到螺旋提水器，大到足以摧毁城市的重型武器：弩炮、机械爪、起重机、大摇臂以及可怕的凹面镜！事实上，几乎没有人能仿制出这些武器。凹面镜因在战争中的巧妙运用而极具摧毁力。通过调节一定的角度，凹面镜可将阳光汇聚并折射到相距较远的敌船上，强光汇聚的高温足以使战船自燃毁灭。也许他还使用了若干不为人知的小诡计，但仅仅是凹面镜的运用，就足以将原本计划攻陷锡拉库萨的罗马船队杀得片甲不留。

灵光一现的世界

想法和发明是没有边界的，它们接踵而至，如雨后春笋。当孕育新事物的土壤足够肥沃，这个世界就充满了不可思议的奇迹。

所有了不起的发明都来源于简单的想法！
——列夫·托尔斯泰

来自东方世界的金点子

有些想法能推动世界进步，有些则使世界倒退：战争、迷信以及盲目的狂热都会制约社会发展的进程。自西罗马帝国灭亡后，整个地中海和欧洲地区陷入了长达千年的黑暗时代。但世界是那么大，地球另一端的南美洲正沐浴在新的文明中；而在东方，新的发明创造纷纷出现，中国和印度成为这些发明最直接的受益者。

31 指南针

我父亲在我小的时候就送给我一个指南针作为礼物。
当时我就被它吸引住了，
从此我开始钻研物理学和电学。
——阿尔伯特·爱因斯坦

地球磁场

大约在北宋时期，智慧的中国古人发明了奇特的磁针。如果把磁针蘸上一些油并把它置于盛了水的碗中，那么磁针总是不偏不倚地指向北方。指南针是人们航行在大江大洋上不可或缺的物品，中国的商人更是离不了它。指南针渐渐传入阿拉伯世界，随后又为欧洲航海家使用。指南针的工作原理甚至影响了几个世纪后的科学家，他们将指南针放在通电导线一侧，磁针立马发生了偏转。这一发明促成了日后发电引擎和直流发电机的诞生。

32 火药

在古老的中国，还有一样发明改变了历史进程，这就是黑火药（又称有烟火药）。它的化学成分很简单：硝石（主要成分为硝酸钾，多产出于湿润的岩壁间）、硫和碳。如果在火药中加入一些其他物质，它就成了绽放的烟花，五颜六色的！

竹炮

发明竹炮的炼丹士一直在寻找一种具有神力的粉末，这样就能跑到皇帝面前去炫耀一番。苦苦寻觅无果后竟柳暗花明：光是爆竹真是有点单薄了，如果还能做出一些地雷、炸弹、大炮什么的就更拽了！经过无数轮试验，第一批火炮终于诞生了。火炮筒身是……巨型竹子。15世纪，黑火药传到了欧洲，革命的方式再一次突飞猛进。古老的欧洲城堡在硝烟中轰然倒地，盔甲也毫无用处。历史再次被改写。

33 纸和印刷术

中国人还发明了纸，人们可以在上面书写文字或者随心所欲地绘画。相较之前的莎草纸和羊皮纸，这种纸相当廉价。更令人称赞的要算印刷术了，它绕过费时费事的手抄，使信息的传播成为一件容易的事。然而智慧的中国人在使用木板和雕版印刷时遇到了一个不小的难题：汉字多如牛毛，印刷前的活字排版实在是件费心费力的事，印刷一页文字就需要用上一大堆的活字。印刷术传到欧洲后，德国人约翰内斯·古腾堡改良了技术并发明了印刷机，加之拉丁字母只有20来个，印刷的效率较中国有了极大的提高。

34 零

价值连城的金点子

大约在公元1世纪，有个印度数学家在自己随身携带的记事本上写下了一个新的数字。他给这个数字注入了前所未有的概念：空！也就是什么都没有的意思。当时看起来很玄乎，但现在也就司空见惯了，就是零嘛！这个数字迅速在印度的邻国里传开，人们觉得它神秘而又新鲜。起初，零没有什么存在感，商人做算术从来都只用算盘，而零的存在也无任何意义。碰到要书写十、百、千等数字，人们便引入罗马数字，用X表示十，以C代替百。如今，零和其他九个数字在全世界范围内都通用，被人们称为阿拉伯数字，这是因为阿拉伯人将它传入了西方。而数字零在经历了众人的曲解和漠视之后终于为大家所接纳。

真是寂寞难耐啊!

带上我们你就是一千啦!

1 000

最令人心醉的莫过于手里有了零和这九个数字后，人们可以写下任何一个数字。

—— 莱昂纳多·斐波那契（1170-1250）

如果没有零，我们不仅写不出那些大的数字，还无法做十进制运算。除此之外，由1和0组成的二进制算法也就不复存在了，电脑也会歇菜。

35 古腾堡

约翰内斯·古腾堡的发明

大家好，我是约翰内斯·古腾堡，我年轻的时候绝想不到现在会以这副圣诞老人的造型示人。据说这是一个和我素未谋面的艺术家在我过世100多年后创作的。我1400年左右出生于德国美因茨，当时的欧洲已经渐渐从“黑暗时代”走了出来，幸运的是我还出生在一个小贵族家庭。我的父亲是做金属和珠宝生意的，我也跟过一阵子营生。那时我的脑子里跳出过一些想法，至少我觉得还不赖。在我那个时代，书籍跟珠宝一样稀有而珍贵。有些真正意义上的艺术作品多通过僧侣手抄复制。像《圣经》这样的书，复制一本需要整整一年的时间。于是我就发明了一套复制书籍的装置！

印刷技术的诞生是历史上最重要的事件！它是变革之母！
——维克多·雨果

印刷术和活字印刷

约翰内斯·古腾堡用铅铸造了很多字母：a, b, c……这些铅块按需排列起来用以印刷书页。然后再用葡萄压榨机实现页面的印刷目的，每印完一页就换一张新的白纸，如此往复，印100页内容需要整整1天的时间。当然，和现在发达的印刷技术比起来，这个过程缓慢且低效，但对于当时手工誊写的传播方式来说，这已经是很了不起的办法了！古腾堡的活字印刷术很快就传遍了整个世界，之后短短几十年时间里印刷的书籍总量迅速超越之前所有的书本总和。最显著的一点变化是，新的想法得以快速传播，信息传递之及时无人能挡。

36 达·芬奇

啊，长官……

飞得起来吗？

达·芬奇的金点子

在你们这个时代，我常常被称为文艺复兴时期的天才艺术家，这使我感到荣幸之至。事实上，我不仅是艺术家，还是科学家、建筑师、设计师和发明家。我的灵感光怪陆离：武装车上的透镜、潜水艇上的蹼板、自来水笔、生态城市……我生于1452年，那时欧洲人还没有发现新大陆，我身边的绝大多数人仍然天真地认为地球是静止不动的，整个宇宙围着地球转。那时候，谁要研究人体构造谁就会被判以巫师罪；谁捣鼓金属，旁人就会把他当作犯罪嫌疑人。总之，那是一个讲求高度一致的时代，任何出格的研究或创意都有可能付出极大的代价，比如火刑。我那会儿最大的愿望就是能像鸟一样自由自在地飞翔，于是我就琢磨飞禽的飞行原理，并制造了好些形态各异的滑翔翼进行试飞。

比羽翼更好

起初设计的各种滑翔翼并没有取得预想的效果，究其原因也许是材料太沉了。既然想法已经成型，很多人也都尽力而为，那就不能坐等一事无成！我们天才的达·芬奇又想出了“空气螺旋桨”的点子，但事与愿违，光靠一个引擎还是无法使飞行物升空。但有了螺旋桨，成功就更近了一步：在材料允许的情况下，旋转的螺旋桨能够帮助机身自由起飞，只是时间问题而已。这也再一次印证了大师的信念：任何东西都是可以飞的。

就算不是我，也有别人能够实现我们的飞行梦！

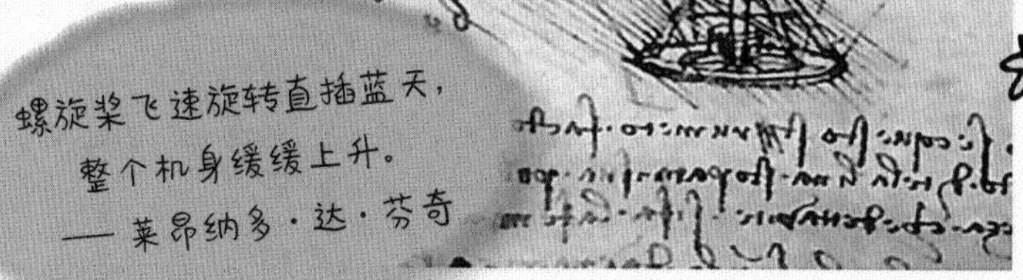

37 美洲大陆

几千年来，美洲大陆上居住着原住民印第安人，但在15世纪前，几乎所有欧亚大陆的人都不知道他们的存在。在西班牙国王的资助下，航海家哥伦布决定从东往西横渡大西洋。1492年10月，在历经各种艰难后，哥伦布发现了若干岛屿。由此，他坚信自己到达了印度。他掳走了几个土著并把他们带回了西班牙，这些人就莫名其妙地被叫做……印度人!

与哥伦布同行的亚美利哥·韦斯普奇当时效力于葡萄牙国王。他从北至南漂洋过海来到南美洲，却发现这并不像印度。亚美利哥断言，这块陆地不是亚洲，而是一块人们从不知道的新大陆，这一论断把一切传统的观念都打乱了，从此人们便把这块土地命名为美洲。

这不是印度!

这不是印度!

德国地理学家马丁·瓦尔德塞弥勒在《瓦尔德塞弥勒地图》中使用“亚美利加”表示美洲，被认为是最早在地图上使用该词的人。从此，人们知道了美洲。

关于圆形的金点子

发现美洲还不够！在当时，大多数人都认为地球像烤饼一样是平面的，而在地球的另一端，人们都是倒立着生活的。这就要说说我们那位固执的葡萄牙老兄了，他的金点子同样闪闪发光！

亚洲

真的是球形呢！

38 麦哲伦

一个固执的想法

现在大家都承认地球是圆的了，但并没有人亲验过这个事实。我是葡萄牙人麦哲伦，我竭力劝说西班牙国王资助我环球航行。心愿很快就达成了，1519年8月10日，我组织了一支由5艘船组成的船队，我们横跨大西洋，穿越美洲并抵达亚洲，最后只剩“维多利亚”号一艘船于1522年9月6日安全返回西班牙。我们穿越了一个浩瀚无边的大洋，在这之前没有人知道它的存在，我将它命名为“太平洋”，这名字听着很平静？事实上它一点儿也不平静。

香料

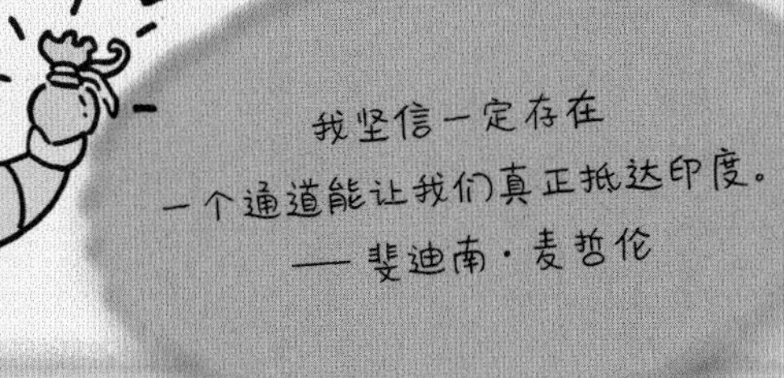

麦哲伦环球航行的理由

麦哲伦环球航行的目的地是古时被誉为“香辛料之国”的摩鹿加群岛，当时是西班牙的殖民地，位于今澳大利亚西北方向。现在不管是肉豆蔻、胡椒粉，还是丁香花蕊，只要是你想得出的香料，超市里都能买到，但这在几百年前的欧洲是不可想象的，那会儿的香料极其罕见、价值千金。从客观上来讲，哥伦布发现美洲以及麦哲伦环球航行使诺曼底人和地中海的食客享用香辛料成为可能。

欧洲

浩瀚宇宙中的小世界

麦哲伦的环球探险开启了人们对地球新的求索渴望。当船队回到西班牙后，人们还是认为地球是静止不动的，太阳、月亮和星星像行星一样围绕地球旋转。人们从自己的窗口向外面张望，无论怎么看，那方天空依旧没有任何变化。但如果你持续观察木星、金星和火星，你就会发现它们一直在变换位置。生活于公元 2 世纪左右的古希腊天文学家克罗狄斯·托勒密构建了一个系统的天体模型，可以用来预测各个天体的运动路径，但他的地心说是这个模型的大前提，我们称之为托勒密体系。

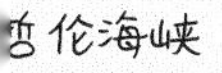

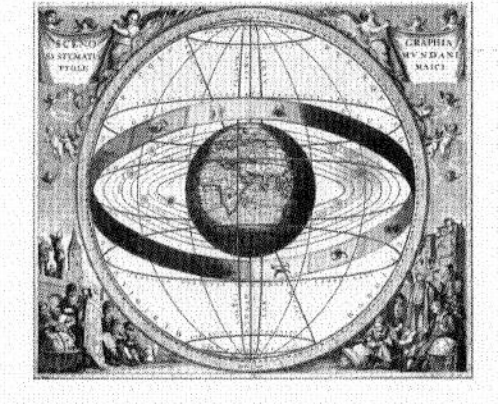

托勒密体系：相当多的同心天体围绕圣母玛利亚做旋转运动。

39 哥白尼

尼古拉·哥白尼这样说

事实上，我的想法也不算新，早在2000多年前就有阿里斯塔克斯提出了类似“日心说”的理论，但应者寥寥。我是克拉科夫大学一名非在编神职人员，在校期间主修神学，我靠在学校写文书、做医生和占卜为生。不仅如此，我还善于用数学和几何学来描述肉眼观测到的天空。在我看来，地球根本不是静止不动的，月亮看着貌似不动倒是真的。我写了一本《天体运行论》，但因忌惮教会和舆论迟迟不敢出版。人们都说我特别谨慎，我自有我的理由：这么颠覆教皇权威的理论，谁支持谁倒霉啊！

哥白尼对自己提出的理论心知肚明。他去世后，整个世界都在谈论他的“哥白尼革命”。《天体运行论》正是在他去世那年出版的，也有传闻说他临死前看到了样书。哥白尼无疑是聪明的，他留下了思想，也保全了自己免受教会迫害，但他身后追随者的境遇就大不相同了。

40 开普勒

我说点儿什么吧

我的同行哥白尼提出了“日心说”，但它不是完美的。首先，相信你们比我知道得更多，太阳并不是整个宇宙的中心，仅仅是太阳系的中心而已；其次，所有行星分别在大小不同的椭圆轨道上运行。但我提出的这些修正并不影响人们对哥白尼理论的运用，相反，还能更好地它解决实际问题。当然啦，以我的名字命名的“开普勒定律”至今仍被你们用来计算人造卫星的轨道！

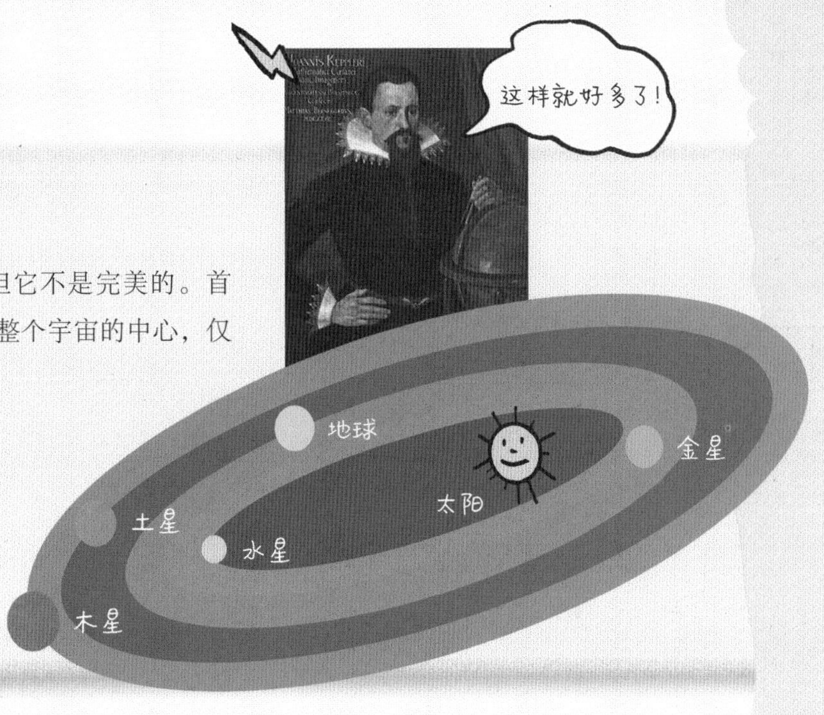

黑暗时代

开普勒是一位德国天文学家，生于1571年，卒于1630年。他不仅是星相学家，还是风景画家、音乐家和作家，以及科幻小说的鼻祖，对人类登月有过具体描写。但生不逢时，他的所作所为在当时分分钟面临极大风险。他的母亲还因巫师罪被指控！

开普勒定律

第一：椭圆定律，所有行星绕太阳的轨道都是椭圆，太阳在椭圆的一个焦点上；第二：面积定律，行星和太阳的连线在相等的时间间隔内扫过相等的面积；第三：调和定律，所有行星绕太阳一周的恒星时间的平方与它们轨道长半轴的立方成比例。

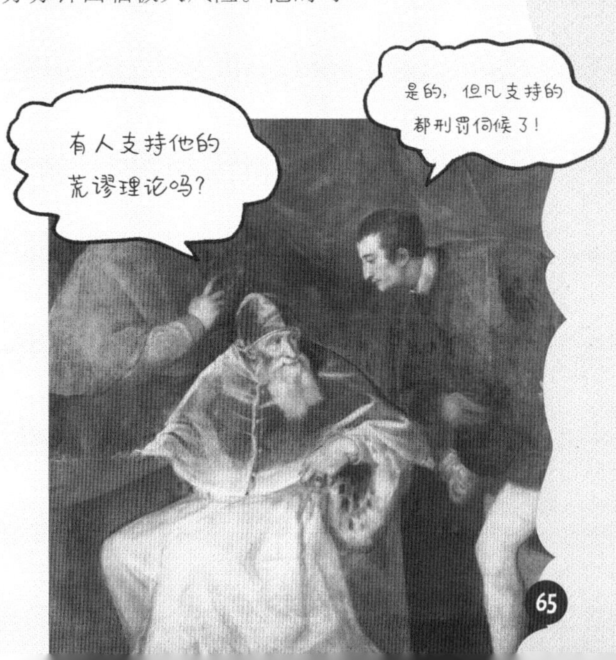

41 伽利略

我的理论

大家好啊！我是伽利略·伽利雷，音乐家和布商的孩子。我1564年出生于比萨，是的，那会儿比萨斜塔已经开始倾斜了。我随我父亲和兄弟，对音乐有着痴迷般的热爱，天性也乐观开朗。当然我更是一个科学家、哲学家，我用系统的实验和观察证实了哥白尼有关宇宙的“日心说”猜想。我开创了数学与实验相结合的科学研究方法，简单说来，任何科学猜想都需要通过观察和一系列反复的实验来论证。如果实验是经得起重复论证的，那么这样的结果才是有效可靠的，否则就不能使人信服，最多停留在猜想阶段，或者我们索性把它称作……奇迹！

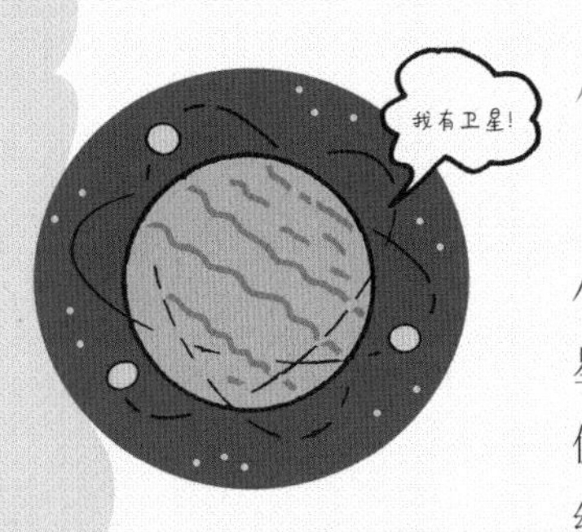

伽利略的三大发现

整个宇宙就像一本开架书，要读懂它需要掌握最基本的语言，那就是数学和几何学。

伽利略通过望远镜观察远地行星，发现有三颗小卫星终日围着木星公转。今天我们知道，这些卫星只是木星身边最大的三颗卫星而已。通过观察，伽利略得出了如下结论：每颗行星都被许多卫星围绕，地球也有自己的卫星。

伽利略还通过望远镜观察到了太阳黑子。太阳黑子很大，呈深黑色，存在于太阳表面，并且会跟着太阳自转！由黑子的自转周期，他得出太阳的自转周期为28天。那么，地球应该也会有自转吧！

我也会自转!

观测金星，伽利略发现它和月亮一样有盈亏现象。这是因为它在地球和太阳之间沿自己的轨道公转并自转，就像我们的地球！原来哥白尼的天文体系是这么固若金汤，“地心说”在它面前不堪一击！

对“日心说”的审判

因为坚决维护哥白尼的“日心说”，伽利略被罗马教廷起诉并审判。年迈的伽利略因“异端邪说”招来了包括火刑在内的无数折磨。最后他被迫违心否定了有关“日心说”的所有内容。事实上，当时的人们确实很难接受地球不是宇宙中心的理论，也很难接受地球自转的事实。不仅如此，当有人告诉你地球的自转时速是1600公里，公转时速是10万公里时，即便是现代人一时间也难以消化吧。

异端邪说是指那些与教会权威背道而驰的理论。

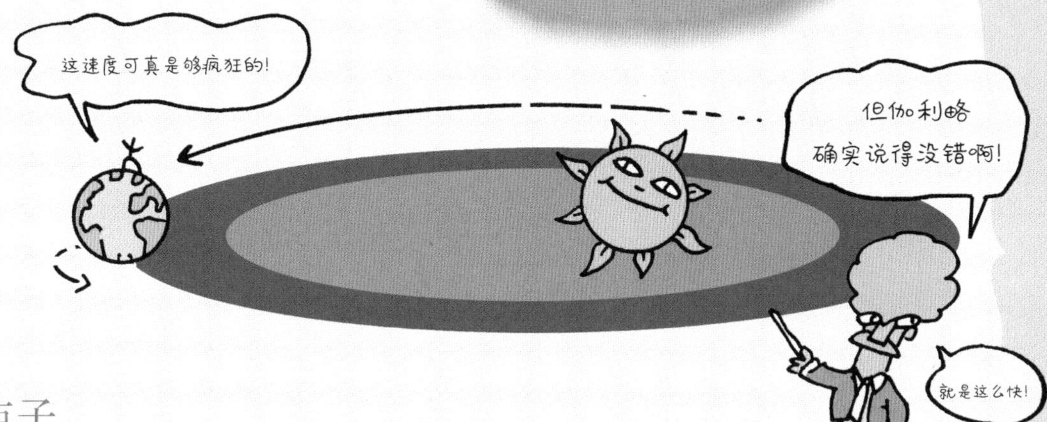

无心插柳的金点子

17世纪的荷兰眼镜商人利伯希被认为是望远镜的发明和推广者，他于1608年造出了世界上第一架望远镜，在为自己申请专利时，他遵当局要求，造了一个双筒望远镜。利伯希通过一些关系认识了威尼斯的科学家保罗·萨尔皮，后者把这件事讲给伽利略听。伽利略敏感地意识到望远镜对天文观测的重要性，他在极短的时间内发明了40倍的双筒望远镜，并把它推荐给了威尼斯的执政官。而伽利略也正是用这种望远镜来观月的。

伽利略其他的金点子

伽利略不仅仅竭力推荐自己的创意和想法，还致力于发明和不断改进科学仪器。聪明的他甚至还偶尔做个科学实验秀之类的。他发明了液体温度计，发现了钟摆运动的等时性和自由落体的加速运动，也曾在比萨斜塔上演示自由落体实验。伽利略开创了以实验为根据并具有严密逻辑体系的近代科学，被誉为“现代科学之父”。

关于宇宙的金点子

宇宙万物，大到月亮，小到砸在头上的苹果，无不遵循大自然中不可回避的规律与法则。来自剑桥大学的毕业生牛顿就从中发现了万有引力。

42 牛顿

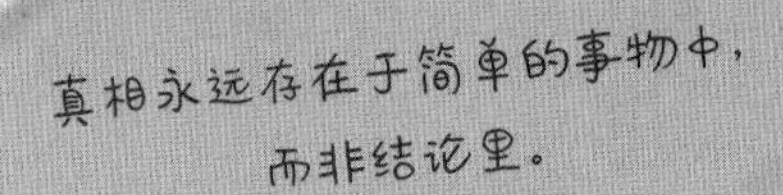

牛顿这样说

地球是球形的，它不仅公转而且自转。这要感谢哥白尼、开普勒和伽利略。现在我们已经能够承认地球就像一个陀螺，以每小时10万公里的高速围绕太阳旋转。那星星的运转又遵循怎样的规律呢？又是什么制约着它们不至于冲出银河系呢？生活在地球另一端的人们为什么不会被东西砸到头？如果我们在赤道上，为什么不会被离心力甩出地球？还有一些问题与庞大的行星系统并不相关，比如我们能提起或举起一个重物，这里面所蕴含的规律或许也跟宇宙间天体运行的规律类似。我是艾萨克·牛顿，我发现了万有引力。

当牛顿还是个剑桥大学的毕业生时，他就开始思考宇宙万物运行的规律。彼时的剑桥大学还没有今天这般出彩，剑河两岸的房屋也没有什么洗手间或卫生设施。这里的学生多如牛毛，老鼠也到处乱窜，整个英国被笼罩在鼠疫的阴影里。

剑桥是待不下去了，大家都作鸟兽散。剑桥又脏又拥挤，感染鼠疫是大概率事件。稍微有点脑子的人都知道这样下去是不行的。在伦敦，死于黑死病的人数以千计。我就是在这样的背景下逃回老家伍尔斯索普农场的。农村地广人稀，整天和鸡鸭牛羊待在一起并没有太大的危险。大部分的时间我会待在屋里做研究，间或去田野散步。有一天我外出例行散步，走到一棵苹果树边便不自觉地停了下来，正巧一颗成熟的苹果从树上掉落，差点砸到我的脑袋。于是后面的事情你们也知道了，这个苹果几乎众人皆知，比乔布斯大人那颗缺了一口的苹果还火爆。

有关牛顿被苹果砸出万有引力理论的逸事出自流亡英国的法国大思想家伏尔泰，他是牛顿的铁粉！但是故事的真实性有待考证，也许伏尔泰为了夸他的偶像进行了添油加醋的描写也未可知，但只要一想到一个平凡的水果竟能创造这样一个惊天奇迹就觉得很美好！我们也由此更愿意相信，牛顿的伟大发现就开始于一个苹果！

牛顿三大定律

第一定律：任何一个物体在不受外力或受平衡力的作用时，总是保持静止状态或匀速直线运动状态，直到有作用在它上面的外力迫使它改变这种状态为止。

第二定律：物体在受到合外力的作用时会产生加速度，加速度的方向和合外力的方向相同，加速度的大小与合外力的大小成正比，与物体的质量成反比。

第三定律：力的作用是相互的。作用力和反作用力总是大小相等，方向相反。比如地球和月球：地球对月球有引力，而月球绕地球运行会有离心力，两边势均力敌，月球便按照一定的轨道围绕地球转动；同时，地球和月球之间的引力带来了潮汐现象，也就是海水周期性的涨落。

43 光谱

在乡下的家里，年轻的牛顿注意到了太阳光，也就是无处不在的白光。经过一番研究，他认为光并不是白色的，透过三棱镜，一束极小的白光被分解成了赤、橙、黄、绿、青、蓝、紫七种颜色，像极了彩虹；如果再放上一个棱镜，七种色彩又汇聚成了一道白光。我们把白光被分解后的图案称为“光谱”，棱镜就像一个魔法道具，能让色彩忽隐忽现。

一个神奇的东西

白光的发现并没有立即带来什么后续成果。起初，牛顿认为光线是由小颗粒组成的，而其他人，比如他的同事，荷兰天文学家克里斯蒂安·惠更斯则认为太阳光是一种光波。

20世纪左右，人们发现光是由光子的传播而产生的。光子，是传递电磁相互作用的基本粒子，是一种规范玻色子。此外，非可见光要丰富得多，它包括红外光、紫外光和无线光波、微波……这些概念很重要，它将开启一个新世界的大门。

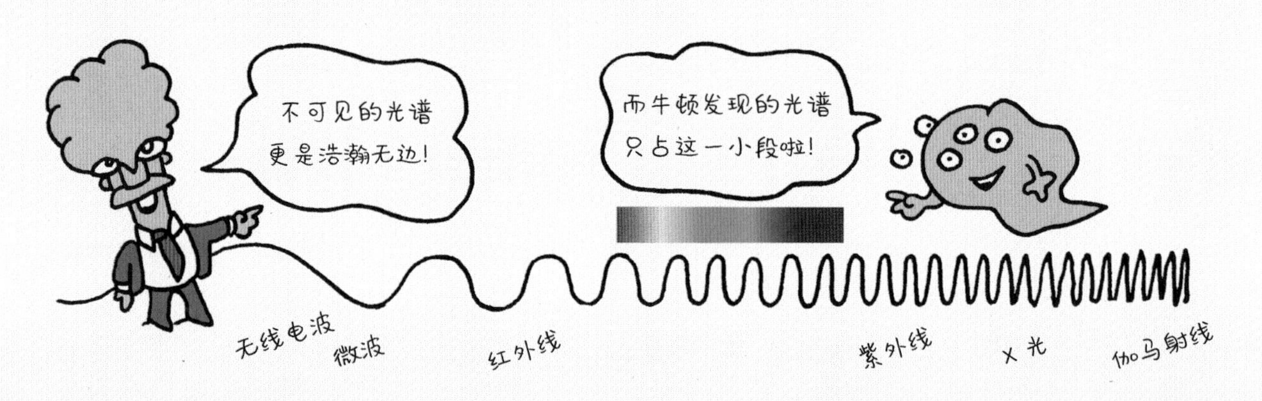

44 马德堡半球实验

光线能够在星际真空中自由穿行，而真空这个概念当时已经为很多人所注意了。17世纪中叶，来自德国马德堡贵族家庭的奥托·冯·格里克对天文和物理尤其感兴趣，他甚至想自己制造一个人工真空装置，向人们展示气压的巨大威力。

这个著名的实验就是今天我们所知道的“马德堡半球实验”。格里克将两个空心铜半球合在一起，将球抽成真空，左右各列队8匹壮马，无论如何使劲，真空球都没有一丝分开的迹象。这个实验让在场的人真实地感受到了大气压强惊人的力量。

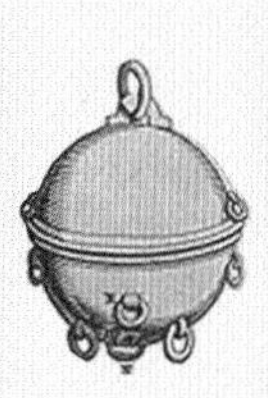

45 托里拆利

伽利略的学生托里拆利解开了一个十分神秘的现象：即便是真空系数可以同马德堡真空球媲美的水压泵最多也只能将水压到10米高；同时，托里拆利在操作水银柱实验时发现，管内水银柱的垂直高度总是76厘米，这说明水银柱和水柱都不是被什么真空力所吸引住的，而是被管外水银面上的空气重量所产生的压力托住的。

46 纽科门

纽科门这样说

事实上，工业革命的兴起要感谢我，虽然在我有生之年并没有享受到这样的认可。我的工作？我其实是个铁匠兼商人，卖一些铲子、小推车等工具。矿工是个工作环境很糟糕的职业，年仅5岁的童工每天要工作14个小时，很多人在隧道作业时被瞬间溢满的污水吞噬。抽干井下的水并没有什么经济的办法，因为再强大的水泵也只能将水压到10米左右的高度。当时两个好动脑子的家伙丹尼斯·帕潘和托马斯·萨弗里想出了用“火力”排水的办法，在此之前，克里斯蒂安·惠更斯曾费了好大力气用蒸汽来解决动力问题。我也发明了一个动力装置，事实证明，它既好用又实惠，可以省去较高的畜力成本。可惜我在朝廷没有人，也挤不进上层社会，就只好投靠来自上层社会的托马斯·萨弗里，并成了他的合伙人。居心叵测的托马斯最后成功获得了当局颁发的火力提水装置的专利。

1729年纽科门逝世，此后数百台蒸汽机遍布大半个欧洲，但这笔丰厚的利益似乎已经跟它的创始人没有一丁点儿关系了。

有关专利的金点子

从法律上讲，专利指专有的利益和权利，它能够阻止他人享有利用发明权和转让发明权的权利，旨在保护为社会进步与发展贡献原创发明的人，并允许他们从中获得经济利益。并不是所有人都能百分百地展现自己的想法，所以专利也并不只颁发给那些想出主意的人。1474年，威尼斯共和国颁布了世界上第一部专利法：《发明人法》。事实上，早在中世纪，君主用来颁布某种特权的证明便是专利的雏形，他们常向发明者或者匠人颁发类似的“牌照”。

47 瓦特

纽科门的动力发明仅仅在矿区使用，而真正改良蒸汽机的人是詹姆斯·瓦特。瓦特的父亲是一个瓦匠，瓦特从小就对机械着迷。当他被格拉斯哥大学任命为“数学仪器制造师”时，他制造了冷凝器，解决了蒸汽机效率低下的问题。1769年，当萨弗里的专利到期后，瓦特为自己申请了一项专利：降低蒸汽机蒸汽和燃油损耗的新技术。他的动力装置被广泛地应用于磨坊、造船厂、纺织和机械工业，并可被用来铣削大炮……

轮轨蒸汽机车

1801年，一个年轻的英国工程师理查德·特里维希克在研究了瓦特的蒸汽机模型后，设计制造了一台可以载人的蒸汽机车。之后，他很兴奋地邀请朋友们搭车去郊游。很多年后，他设计的世界上第一台轮轨蒸汽机车在伦敦万国工业博览会上展出。

谁也不会再有机会坐在这个冒着黑烟的老爷车上体会探险的乐趣了!
——詹姆斯·瓦特

1825年，世界上第一条铁路——英国斯托克顿至达灵顿铁路线建成通车，全长17公里。英国著名工程师斯蒂芬逊设计的世界上第一辆蒸汽列车“机车一号”在这条铁路上拉响了汽笛。在这之前，1803-1807年间，一些美国和法国的小型运输船就开始使用瓦特的动力装置了。起初蒸汽船是被拒绝的，阻力主要来自那些担心失业的轮船驾驶员，但先进的蒸汽动力装置很快就占领了船舶领域。

干掉他!

100多年后，大多数的机器和工业设备都开始采用蒸汽动力装置。3个世纪后，蒸汽动力依旧没有被淘汰，很多大型发电厂和核电厂的涡轮机，仍然依靠蒸汽动力来发电。

关于化学的金点子

“谁知道未来哪天纯净的空气就成为一种奢侈品了呢？至少现在看来，我和两只小白鼠还能呼吸到新鲜空气。”

——约瑟夫·普里斯特利

他可是个真正的朋友呢！

48 普里斯特利

拉瓦锡这样说

我的金点子多亏了约瑟夫·普里斯特利。他是一个牧师、化学家、哲学家、进步人士，主张人民自由和美国独立，据说他还去过美国。他的思想对当时的英国有着很重要的影响。我那会儿知道他住巴黎，便邀请他来我家吃饭。就餐时，他给我分享了一个颇为有趣的发现。他说他发现了一种比空气更纯净更活跃的气体：如果把燃烧着的木棍放进充盈着这种气体的密闭空间，它会烧得愈加旺盛；如果把小白鼠放进去，它们会比在普通空气密闭环境中多活5倍的时间。与此同时，普里斯特利在呼吸了这种气体后表示明显兴奋愉悦了不少。总之，他说他找到了一种生产纯净空气的方法，希望能在奢侈品店里大卖……

好奇的安托万-洛朗·德·拉瓦锡一头钻进实验室分析普里斯特利所说的神奇的气体，却最终发现它毫无新意。这是一种构成空气的气体，属性更活跃、成分更纯净。不仅如此，他还发现，人和动物的呼吸以及物体的燃烧都需要消耗这种纯净的气体，并生产出另一种气体：二氧化碳。他也意识到，二氧化碳同样是空气的组成成分。拉瓦锡将这种纯净活跃的气体命名为“氧气”，取古希腊语“孕育生命”之意。

看不见的事实

燃烧需要消耗大量的氧气，发动机、人和动物也需要氧气。植物吸收空气中的某种气体并生成氧气。氧气无处不在，它无色无味。没有氧气，我们就会窒息而亡。我们无时无刻不需要它。在日常生活中，我们焚烧布料或者生壁炉，都会消耗氧气并制造出一种新的气体，它也是看不见、摸不到的，在拉瓦锡之前并没有什么人认识到它的存在。

49 拉瓦锡

氧气的发现使拉瓦锡豁然开朗，很多自然现象纷纷得到解读，其中最重要的一个发现便是化学反应中原子的重新组合。这些元素同“四元素”——土、水、气和火并不是一个概念。比如说水吧，水并不是一个元素，而是由氢元素和氧元素构成的。拉瓦锡列出一张元素表，其中包括金、铁、氢、氧、汞、硫等元素，这些简单的元素通过组合构成了自然界丰富多彩的合成物和混合物，它们可能是液体，也可能是固体或气体。拉瓦锡的妻子是个贤内助，她帮助丈夫完成了表格的绘制并辅助他做实验。可惜的是，在法国大革命最黑暗的那几年里，拉瓦锡被送上了断头台。

50 道尔顿

约翰·道尔顿这样说

我生于一个贫困的贵格会织工家庭。我早年在曼彻斯特学习，后来在一所小学做教师。大家可能都知道我身上的缺陷，是的，我是一个色盲。我分辨色彩的能力很弱，我会错把红色的袜子看成灰色的。可惜并不是所有人都记得我的成就：我提出了原子论。

在我那个时代，我对几乎所有已知的元素做各种分析和估算，当然，我也不可能知道原子跟台球到底是不是一个模样！

喜欢结伴的原子

道尔顿并没有给出原子的计算方式，来自意大利都灵的阿伏伽德罗在这方面有所突破。阿伏伽德罗出生于一个法官家庭，大学专修法律，但对自然科学情有独钟。谈到原子，阿伏伽德罗的论点精辟独到：原子最喜欢结伴出现，由此它们结合成了“分子”。

我给出了阿伏伽德罗常数这个概念，
阿伏伽德罗常数代表
1摩尔物质所含的分子数。
——阿莫迪欧·阿伏伽德罗

51 门捷列夫

德米特里·门捷列夫这样说

我出生于西伯利亚，小镇周围是一望无垠的原始森林。冬天河水结冰，我们在灌木丛里和麋鹿追逐嬉戏。我父亲是教师，我母亲经营一家玻璃器皿店。我从小学习化学，后来在圣彼得堡和德国教书。有天开会无聊，我一时兴起写下了所有已知的元素，并按照重量将它们依次排开。我有一个奇妙的发现，那些元素按照属性排列呈现出一定的周期性。比如每逢一个特定周期的元素都是金属或非金属元素。唯一让我感到困惑的是，有些位置上的元素是空缺的。这进一步肯定了我曾经的一个判断：还有一些元素尚待发现。而从已知的周期表中我已经能大致判断出这些元素的属性了。

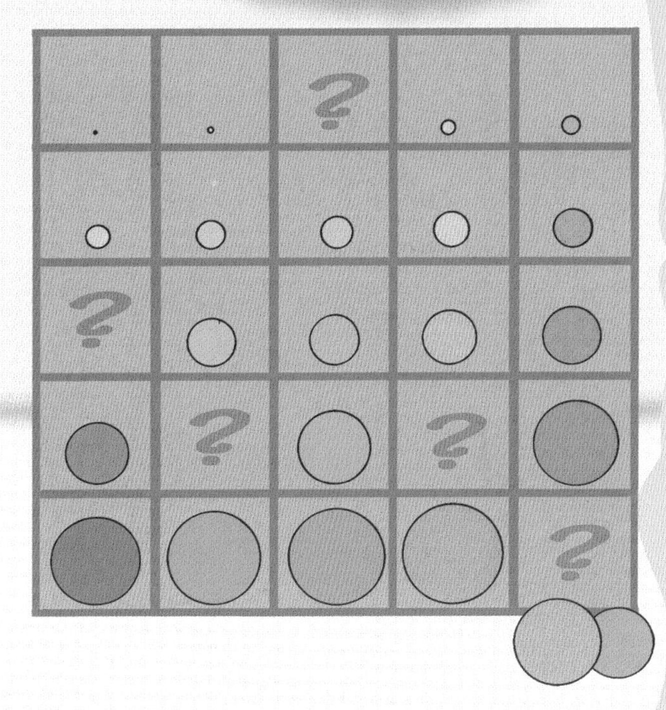

空缺的元素

门捷列夫的两位同事基尔荷夫和罗伯特·威廉·本生发现了一个有趣的现象：每一个元素遇火都会发出特殊的光泽。借助棱镜，不同的元素会展现出恒久不变的光谱。这种方法可以帮助人们分辨物质所包含的元素并寻找那些空缺的元素。很快，他们便发现了铯和铷这两种元素，事实证明，这两个元素的属性早就在门捷列夫的“规划”中了。

52 李比希

是呀！

我们沐浴阳光雨露，
我们还要感谢人类！

李比希这样说

我负责施肥，
你们负责愉快地生长！

我于1803年出生于德国达姆斯塔特一个经营药物、染料及化学试剂的小商人家庭。我13岁那年赶上了一场欧洲大饥荒。我对化学特别感兴趣，曾因为痴迷于实验把别人家炸了个大窟窿，被当时的学校驱逐了出去。我是幸运的，我认识了自然学家和旅行家威廉·冯·洪堡，在他的介绍下，我在化学家约瑟夫·路易·盖-吕萨克的实验室做起了助手。我对植物超级着迷，我发现了磷、氮以及其他矿物质对植物的重要性。植物缺乏这些肥料就会停止生长。我深信土壤的肥沃对植物、动物的繁衍生长起到关键性的作用，由此我发明了肥料，这使得在地球任何一个纬度上种植植物都成为可能。

取之自然，还于自然。
—— 尤斯图斯·冯·李比希

固体汤料的发明

李比希逐渐发现，不仅是植物，我们人类也需要一定的养分才能维持生命，比如动物蛋白。于是他发明了牛肉浸膏，这种食物易于保存且成本低廉。在饥饿肆虐的时候，这种食物救了一大批没有经济实力的底层人民，让他们在困难年代依旧能够补充到人体所需的蛋白质。

李比希还创办了一家名气不小的食品公司，为世人留下了极具标识意义的公司品牌形象。上图是“正宗李比希氏牛肉浸膏”的宣传海报。

53 柠檬因子

维生素C能够抵御许多疾病，强壮我们的血管、皮肤、肌肉和骨骼。很久以前，人们并不知道维生素C有这么强大的功效，但都或多或少亲历过缺少维生素C的尴尬：坏血病！在海上长期漂泊的海员是坏血病的高发群体，我们熟知的横跨太平洋的麦哲伦船队就曾遭遇维生素C短缺的困境。

詹姆斯·林德的金点子

英国皇家海军医师詹姆斯·林德发明了抵抗坏血病的良方。当林德医生的船队面临坏血病的侵扰时，他果断将12名海员两两一组编成6个队伍，每个队伍的日常饮食中分别额外加配新的东西：苹果汁、稀硫酸、醋、香料、海水和柠檬。林德医生并不知道，其实柠檬里就含有维生素C。

头几组海员没几天就状况恶化或者直接就挂了。只有添加了柠檬的两名海员不仅没有变糟糕反而迅速恢复了。随后林德医生又发现，橙子里也富含维生素C。从此往后，也就是1795年开始，所有英国船队出海前都会配给足量的橙子和桶装柠檬。一个世纪后，波兰裔美国科学家冯克对这些类似的现象做了研究总结，最后提出了“维生素”的概念。根据他的理论，少量的维生素能够维持健康。简单来说，我们现代人要想身体棒棒的，就得大量摄入水果和蔬菜。

关于电的金点子

电的用途极为广泛。雷电应该是最强大的了，但也是最危险最致命的一种能量。富兰克林就是一位成功获取雷电的美国小伙子，他是那个时代的英雄，也是美国人民的骄傲。

很多人是通过这个知道我长啥样的！

54 富兰克林

本杰明·富兰克林不仅仅在电力方面贡献突出，他还是美国独立战争的伟大领袖。富兰克林生于波士顿，当时那里还是英国殖民地。在他的帮助下，美国获得了独立。还有人毫不掩饰内心的崇敬之情，将他誉为美利坚的缔造者。总之，再多的赞誉也不敌为您展示100元美钞来得直接。你看，事实就是这个样子。

科学爱好者的发明

我父亲是一名商人，我十几岁那会儿就给我同父异母的哥哥当印刷工。之后我开始四处谋生，印传单、邀请卡和报纸……我还发明了一种“循环炉”，避免了老式壁炉火花四溅的危险。没想到这种壁炉大获成功，风靡一时。

我一生发明了很多东西，最著名的恐怕要算“风筝实验”了。其实这个创意比较偶然，当我无意间发现两个物体尖端放电的现象后，我一下子来了兴趣。

尖端放电的威力

在我生活的那个年代，每年因雷电损毁的房屋数不胜数，没有任何补救措施。钟楼、房屋，甚至整个城市都遭遇过火光闪闪的那一瞬间。于是我对雷电产生了浓厚的兴趣，可是只有抓到它才能做研究嘛。我将一把钥匙系在风筝引绳的一端，通过观察，我发现当天空中掠过一道耀眼的闪电时，风筝引绳上的纤维“嗞”一下子竖立起来。这说明，雷电已经通过风筝和引绳传导下来了，我连忙把引绳上的钥匙和莱顿瓶连接起来，莱顿瓶上立刻火花四溅。于是我从这个实验获得启发，如果把一根金属针绑在直通地面的金属线上，并将它装在房屋顶上，那么金属针也就能将雷电导引到地上了，这就是避雷针的雏形啦。

富兰克林是当时第一个“控制”雷电的人，他的发明避免了大量的人员和财产损失。避雷针的原理其实很简单，它简单易行的构造和使用方式很快传遍了世界各地，虽然也因为造型诡异落下很大的笑柄，但这也丝毫不影响它的受欢迎程度。

“风筝实验”取得的巨大成功不只体现在这里，从那以后，富兰克林身边许多科学家都开始搜集静电来做实验，并用它们来解释自然界中一些说不清道不明的现象。此外，人们还发现，电流能够“唤醒”很多物质。

Fig. 72. PARAFULMINE PORTATILE.

55 伏特

亚历山德罗·伏特这样说

我的发明来源于一次稍有些诡异的研究。当时的我对富兰克林和伽尔瓦尼有关电的实验产生了兴趣，他们的实验都有点儿让人感到心焦。伽尔瓦尼在实验室解剖青蛙腿，他引入了静电机的电流来刺激蛙腿，想借此证明电流是致命的。但奇怪的是，那只青蛙并没有死，电流仅仅在蛙腿组织中小范围地游走。更令人感到惊悚的是，被剥了皮的死蛙，在被刀尖触碰的一刹那竟然开始痉挛，同时出现的还有电火花。伽尔瓦尼认为痉挛是由动物体上本来就存在的电引起的，他还把这种电叫作“动物电”。

它看起来好像
还是活的呢!
好恐怖啊!
伽尔瓦尼

我在多个环境中重复了上述诡异的实验，得出了令人震惊的两个结论，而这个结果也改变了我的整个研究进程。

结论

第一，如果受电弓由两种不同金属构成，那么死蛙会发生更为强烈的痉挛；

第二，如果存在动物电，那么把那只青蛙腰斩，它的两端也必然会放电；如果不会，那么电流应该就来自两种不同金属的接触了。

伽尔瓦尼错把外部电流当作动物电，
伏特及时地给予纠正，
但后者还是将它命名为
“伽尔瓦尼电流”！

哇！

这台机器
可以发射出火花呢！

在伏特的时代，生产电力的设备极其有限。那时候的发电机也就是为科学沙龙助兴而已，与其说是发电，倒不如说是制造点火花图个热闹。伏特另辟蹊径，发明了世界上第一台真正能生产电流的装置——伏特电池，他的灵感来自一种叫电鳐的海底生物。

电鳐是一种生活在海底的鱼类，它伪装的本领特别棒，表皮与沙土几乎一样。它自身带电，能轻易捕获猎物，给敌人致命一击。它的带电器官看上去像一个由特殊组织构成的吸盘。我从电鳐身上获得灵感，我想发电机就应该是差不多的原理吧。一块金属板放在一个由摩擦起电的充电树脂“饼”上端，然后用一个绝缘柄与金属板接触，使它接地，再断开接地线，于是金属板就被充电到高电势，如此反复便产生了电！我给这个家伙取了个合适的名字：电池。

电池

嗞嗞！

电池完全是一款独立无公害的静电起电机，它不依靠任何机器，也不需要折磨可怜的小动物。激动的亚历山德罗·伏特把电池一路推介到未来的法国君王拿破仑那儿，虽然当时后者也并不清楚这到底能用来干吗，但电池的诞生无疑意义巨大，势不可挡，它的风头甚至盖过拿破仑——这个最后止步于滑铁卢的君王。

56 电解

意外的金点子

威廉·尼科尔森和安东尼·卡莱尔都对伏特的发明产生了浓厚的兴趣，并纷纷将这个成果运用到自己的实验中。他们用铜币和锌片各36枚组成电池组，他们发现，当将两根分别连接银币和锌片的导线放在水中时，与锌（负极）连接的金属丝上产生了氢气，而与银（正极）连接的金属丝上产生了氧气。此外，这样操作还能将厨房里的食盐水电解成钠与氯。这样，他们意外地成为了电解水的先驱。一扇新世界的大门正在向化学这门年轻的学科打开。

57 电报

巴塞罗那的弗朗西斯·萨尔瓦利用电解反应中生成的泡泡进行沟通，世界上第一条通过电力传输的文本就这样诞生了。这就是电报的雏形，虽然使用之初每发出一个字母都显得那么费劲。

于是我们不得不提到让今人都叹为观止的摩尔斯密码了，我们要感谢它的发明人塞缪尔·摩尔斯，没有他，我们的世界就缺少另一种可能。

58 电灯

1810年，英国人汉弗莱·戴维发明了点亮人类世界的电灯。在一次实验中，他和他的同事将电池和两根电解碳棒连接起来组成了一张电弓，一瞬时，它发出了耀眼的亮光。事实上，它并没有那么实用，不仅光线太刺眼，还在极短的时间里将所有的石墨消耗殆尽。此外，谁要是靠得太近，都会被它放出的火花吓到。所以之后很长一段时间里，人们还是主要以鲸油灯、蜡烛和汽灯来照明。

戴维之后，很多有志之士想方设法为人类电力照明史填补空白。我们伟大的爱迪生替他们的努力画上了一个句点。他发明的电灯高度普及，此后所有的发明创造都在这盏明灯的荫庇下徐徐诞生。

我想发明一种廉价的电灯，人人都用得起，只有富人才会返璞归真重新操起蜡烛照明。
——托马斯·阿尔瓦·爱迪生

59 发电机和电动机

1820年，丹麦人汉斯·克里斯钦·奥斯特将电池与铂丝相连时，发现靠近铂丝的小磁针摆动了，此外他还发现小磁针的指向与电流的方向存在着某种关系。他做出大胆推测，电流能够生成相应的磁场，反过来磁场也能够产生电流。后来，法拉第在这种理论的支持下发明了世界上第一台发电机——法拉第圆盘发电机。几年后，这一发明被不少人利用，制造出了世界上第一台电动机。从此，整个世界被电点亮了。

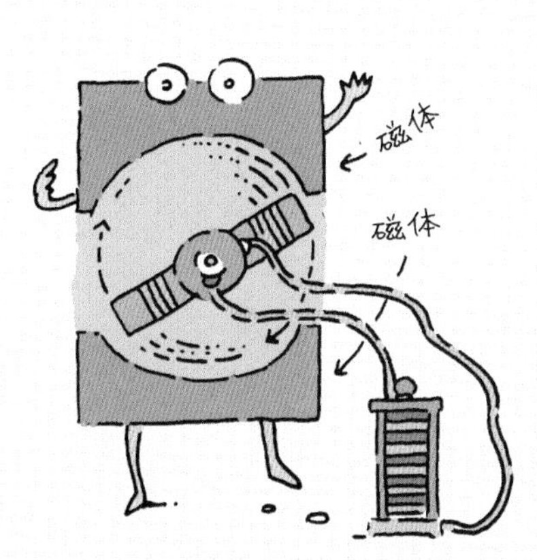

关于自然的金点子

猿跟我们人类很相似。瑞典植物学家林奈指出了猿与人类的共同点并将这两个物种归为一类。他还干了一件漂亮的大事：构想出定义生物属种的原则，并创造出统一的生物命名系统。

60 林奈

卡尔·冯·林奈这样说

我1707年5月出生于瑞典南部的斯莫兰。当时瑞典国王查理十二世被北欧各种战争和纷扰拖得团团转。我是一个十足的和平主义人士，我父亲是一个路德教的牧师，对植物尤感兴趣，正是他引领幼年的我到处采花摘草，培养了我对大自然的热爱。我在大学主修药学，经常被混乱不堪的药名体系搅得不知所措。我注意到每一种植物都有它自己的特点，也都可以根据共性进行归类。于是我决定依照植物所属的品种和门类给它们起名，并以纲、目、科为框架给它们做编排。

CAROLI LINNÆI

EQUITIS DE STELLA POLARI,
ARCHIATRI REGII, MED. & BOTAN. PROFESS. UPSAL.;
ACAD. UPSAL. HOLMENS. PETROPOL. BEROL. IMPER.
LOND. MONSPEL. TOLOS. FLORENT. SOC.

SYSTEMA
NATURÆ

PER
REGNA TRIA NATURÆ,
SECUNDUM
CLASSES, ORDINES,
GENERA, SPECIES,
CUM
CHARACTERIBUS, DIFFERENTIIS,
SYNONYMIS, LOCIS.

TOMUS I.

EDITIO DECIMA, REFORMATA.

Cum Privilegio S:æ R:æ M:tis Svecia.

HOLMIÆ,
IMPENSIS DIRECT. LAURENTII SALVII,
1758.

林奈极其用心地给自己知道的所有植物分门别类。他还给所有植物起了用同一种方式命名的拉丁语学名，这一习惯仍沿用至今，虽然在每个国家每一种植物依然有它自己的名字。

一个特别的想法

本来安守植物界的林奈逐渐将目光转向动物界，他致力于动物界的类目整理。林奈根据不同属性，把动物大致分为哺乳类、鸟类和鱼类……在这些大类下，林奈又在纲科的框架里将动物按照年代、水生陆生等标准进行细分。

林奈是最早确定人类为“智人”的科学家，他把人类归为灵长类动物，认为猿和人属于同一类，这一理论比达尔文的《物种起源》要早得多。你看，我们人类有两只手两条腿，跟我们的猩兄是一样的。

61 达尔文

查尔斯·达尔文这样说

我的远大理想？我发现了新的物种是如何诞生的，我解释了爬行动物、鸟类以及包括人类在内的哺乳动物是如何繁衍的，这就是自然选择，我在《物种起源》里都有提到。这是一个长期研究的成果。此外，这也得益于我早年参与的历时5年的环球科考，我接触到了大量的珍稀物种。我以“博物学家”的身份登上了当时的英国海军三桅舰“小猎犬号”，掌舵的是菲茨罗伊船长，大家的核心任务是绘制地图并开拓新航道，竭力维持英国的海上霸权。我在这次科考中身体力行，长途跋涉、骑驴蹬马，深入巴西、巴塔哥尼亚、智利、澳大利亚的原始丛林探险。从赤道到澳洲，我记录下沿途所有的地貌、气候、植被和动物的区别变化。

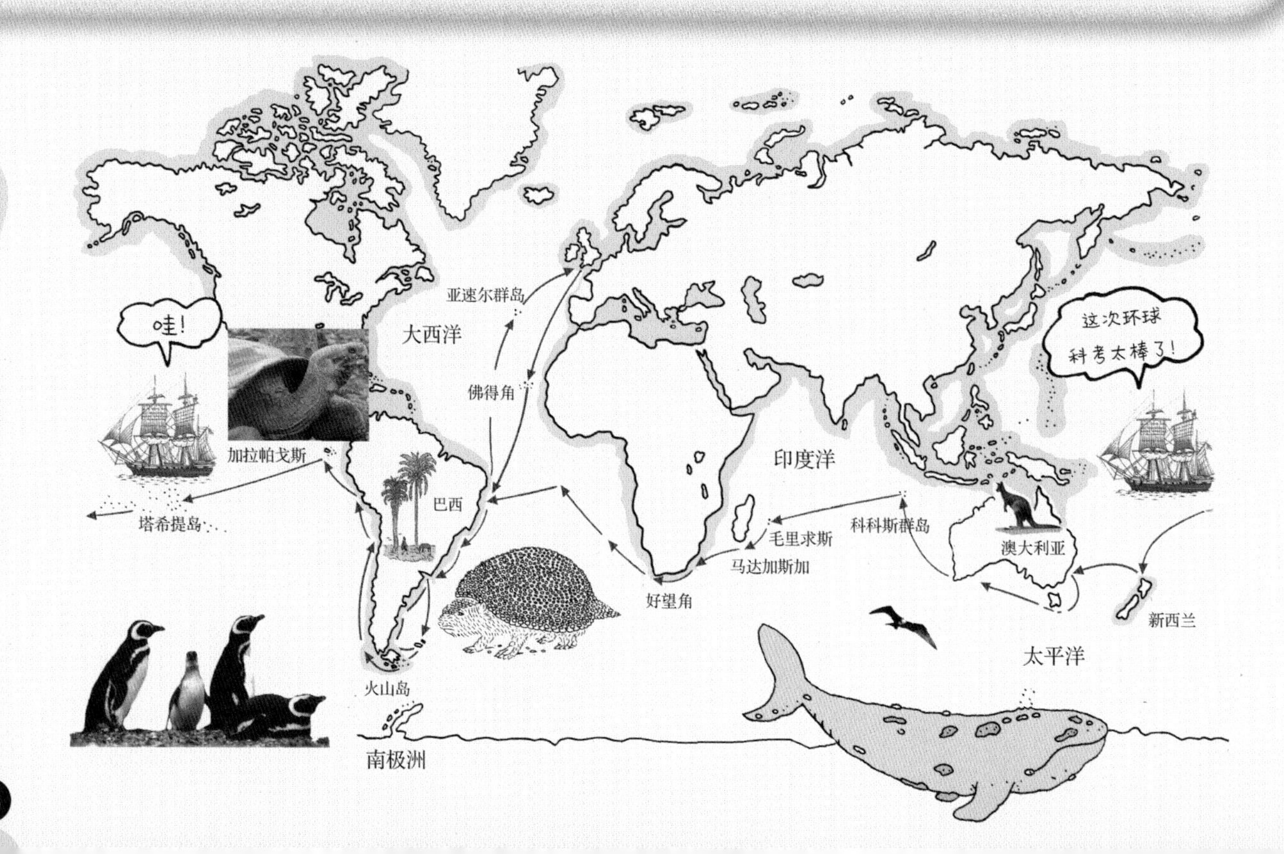

> 我醉心于沿途的风景，
> 但我更珍惜那些第一手科考资料：
> 地貌随地理位置发生各种变化，
> 自然环境对物种的改造也显得那么明显。
> ——查尔斯·达尔文

我用双眼看到了——请允许我用这个动词——自然界是如何进化的：物竞天择、适者生存。在荒无人烟、环境极端恶劣的加拉帕戈斯生存着一种特殊的物种，而它们在地球上其他地方找不到。我在那里捡到了一些古老的生物化石，我据此判断，眼前这些奇怪的动物便是远古生物的后代。我绘制了一张生命树，在这棵树上，活着的生物处在树梢部位，它们的祖先则是已然枯萎的树枝。这些都是我在“小猎犬号”上思索出来的东西，但从理论构想到最后成型我用了整整20年的时间。这些成果经过整理集结成了我那本大名鼎鼎的《物种起源》，可以说，这本书震惊了全世界。但即便如此，还经常有人对猩猩得跟我们攀亲这个事实耿耿于怀。

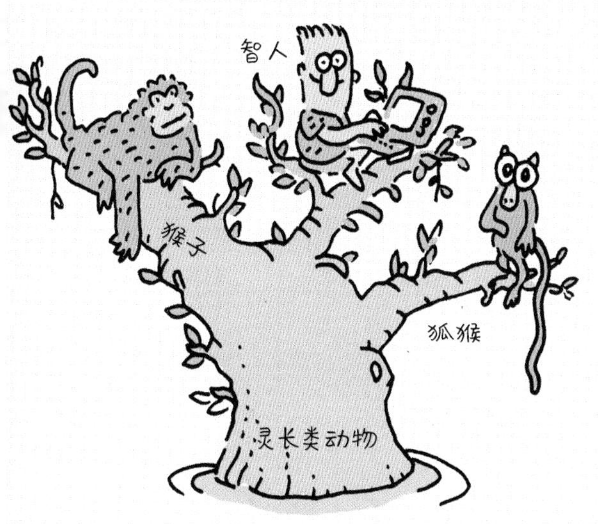

理论相似，运道不足

达尔文起先并不着急将自己的理论公布于世，直到他收到英国自然学家华莱士的信，在信里，华莱士提到了与他类似的进化理论。华莱士长年出没于亚马孙河流域和亚洲南部，他靠买卖异域昆虫为生。他年轻时在马来半岛做研究，那时的他已经总结出一套物种起源的进化理论。达尔文身边的朋友都劝他不要再拖了，索性和华莱士一道向林奈学会递呈这套理论。1858年7月1日，伦敦林奈学会宣读并发行了由达尔文和华莱士共同完成的论文《讨论物种形成变异的趋向，以及变异的永久性和物种受选择的自然意义》。事实上，华莱士还提出了地缘与进化论之间的关系，但他的名字很快就被忘却了。这个故事告诉我们，光有好的想法是不够的……还要广结善缘，让自己的想法被人们接受和记住。

达尔文《进化论》手稿

62 魏格纳

大陆漂移说

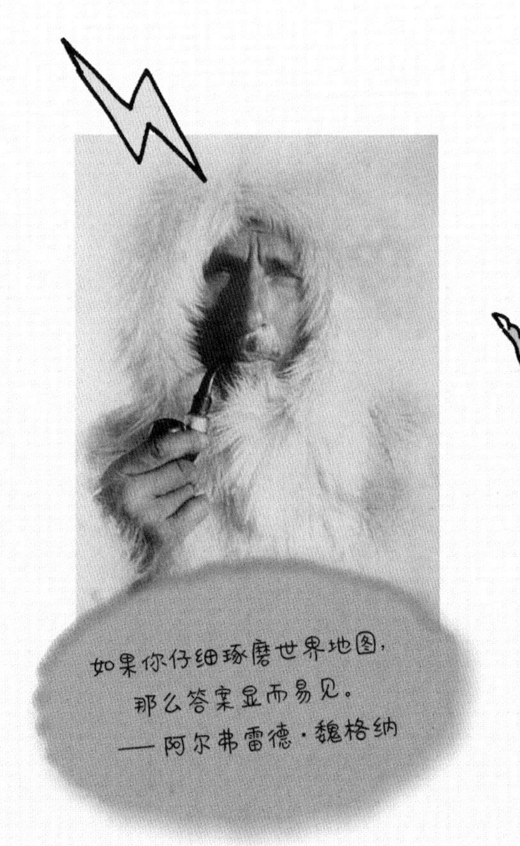

达尔文发现了生物进化机制，但仍有一些自然现象是人们无从解释的：为什么两个远隔重洋、相距几千公里的地方生活着不同的物种，但仍能挖掘出相同的生物化石，比如恐龙的化石呢？魏格纳之前的古生物学家曾提出“陆桥说”，根据这种学说，过去各大陆是由一座座巨型跨海大桥连接起来的，但这种说法显然找不到任何论据。

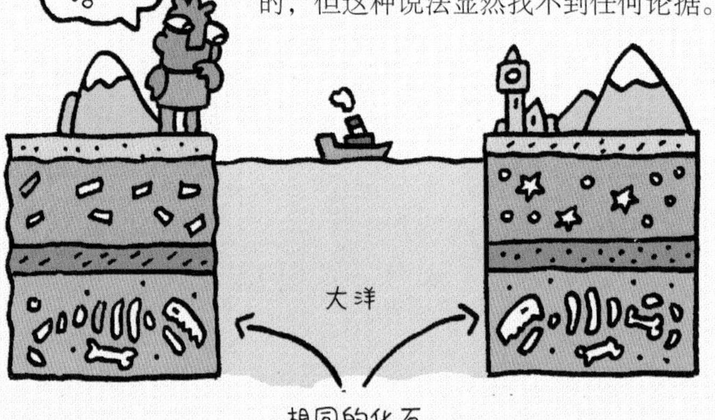

不用问，海洋的深度似乎超过人们的想象，那为什么还能在阿尔卑斯山和安第斯山上发现贝壳呢？这个问题让人们很费解。此外，人们注意到动物的分布也很奇怪：比如说袋鼠吧，它们一生被困在澳大利亚和南美洲，就好像生物进化在这些地区曾另辟蹊径了一样。魏格纳是德国一个年轻的气象学家，他提出了一种让人瞠目结舌的理论：大陆漂移说。这个理论在当时看来就是异想天开，不仅普通大众无法接受，连他的家人都相当无语。

魏格纳这样说

我老丈人尤其讨厌，他是一个气候学专家，在学界德高望重。他相当鄙夷我的大陆漂移说，指责我幼稚。但是只要多看两眼世界地图，你们就能明白是怎么回事了啊！很显然，南美洲大陆凸出的部分与非洲大陆的凹进部分几乎是吻合的，这说明这两片陆地曾经是一体的。今天我们所看到的各大洲在中生代以前是统一的巨大陆块，称之为“泛大陆”或“联合大陆”。中生代开始，泛大陆分裂并漂移，逐渐到达现在的位置，于是就有了我们现在看到的南北美洲、亚欧大陆、南极洲和大洋洲等。现在各大陆板块的位置较2亿年前有了巨大的偏离。现在的南极洲曾经郁郁葱葱，栖息着热带动物。澳大利亚在4500万年前就从泛大陆分离出来，孤零零地杵在南半球的一侧，这也难怪那里孕育出了袋鼠这种特殊的哺乳动物。

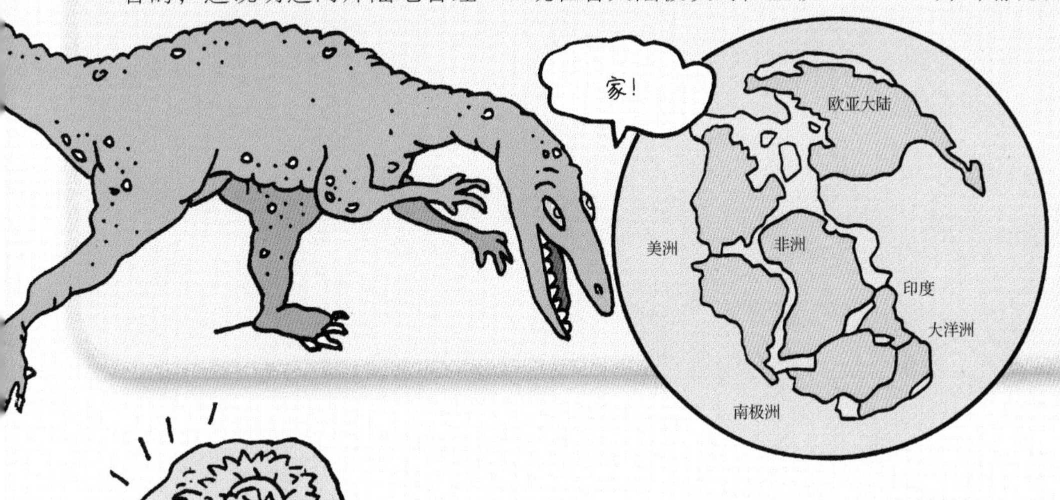

泛大陆

魏格纳终其一生都在为自己的理论寻找证据，他不放过任何蛛丝马迹，为此多次前往格陵兰岛考察，并发现格陵兰岛相对于欧洲大陆依然有漂移运动。天有不测风云，他在庆祝自己50岁的生日后冒险返回西海岸基地，于途中消失在茫茫冰雪中。此后魏格纳的学说沉寂数十年，直到1960年，来自美国的地质学家哈雷·赫斯阐述了地表这几亿年来发生的变化：海底有座相当高耸的海洋“山脊”，从断裂谷里不断地冒出岩浆，岩浆冷却后，在大洋底部造成了一条条蜿蜒起伏的新生海底山脉，这就是著名的“海底扩张说”，他的思想复活了魏格纳的大陆漂移学说，并奠定了导致地学革命的板块构造理论的基础。

与生命息息相关的金点子

细菌可以说是唯一具有“不朽天赋”的生物，它能够以极快的速度进行分裂繁殖。几百万年前的微生物也同样如此。

63 巴斯德

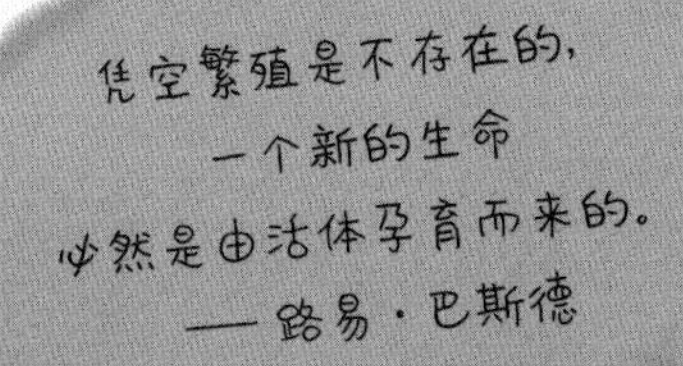

路易·巴斯德这样说

这是一个很老的故事了。老普林尼在《自然史》中提到：屠宰后牛的尸体上会生出一群蜜蜂。有人

随手将奶酪扔进抽屉里，过段时间里面会长出老鼠、蠕虫和其他生物！这些令人啼笑皆非的故事数不胜数。如果你赶走了叮咬肉块的蚊虫，就什么都不会发生；如果你把肉重新加热一下，也不会生出虫子来。但仍有人对这套莫名的理论信以为真。在这些人看来，回热的肉没有蛆虫光顾，是因为一种存在于空气中的神秘液体

也被蒸发掉了，这种液体能够让生物起死回生！也就是这些笑话酝酿出了新的科学点子！

巴斯德设计了一个鹅颈瓶，现称巴斯德烧瓶。烧瓶有一个弯曲的长管与外界空气相通。瓶内的溶液加热至沸点，冷却后，空气可以重新进入，但因为有向下弯曲的长管，空气中的尘埃和微生物不能与溶液接触，使溶液保持无菌状态，溶液可以较长时间不腐败。如果瓶颈破裂，溶液就会很快腐败变质，并有大量微生物出现。实验得到了令人信服的结论：腐败物质中的微生物来自空气，鹅颈烧瓶实验也使巴斯德创造了一种有效的灭菌方法：巴氏灭菌法。

如果还有谁相信凭空繁殖，那他该去哪儿去哪儿吧！

64 微生物

巴斯德在酿酒方面的灵感也是层出不穷！他在显微镜下观察葡萄汁的发酵过程，发现使糖发酵成酒精的竟是一群活跃的微生物，也就是酵母菌群！他认为发酵就是酵母无氧呼吸的过程，这是酿酒的关键环节。

这才刚刚开始呢。我发现微生物真是无处不在。其中不少是有益菌种，比如那些可以被用来做奶酪和酸奶的乳酸菌，它们无论是对身体还是对环境都非常友好；但也有一些很可恶，它们入侵食物和人体，给人们带来病害。这些微生物在地球上生存了几亿年之久，比我们有阅历得多！

65 詹纳

那时候我在英国家乡做医生，我发现挤奶工的皮肤都出奇的好！这和伦敦那些一不小心就长满天花痘的姑娘真是有天壤之别。天花在当时是一种传染性和致死率很高的疾病，我在小不点儿的时候也领教过它的厉害。

减毒病菌

谁害过谁知道，不仅是身上，甚至脸上都会终生留下几个坑。神奇的是，那些挤奶工似乎对天花免疫，他们似乎都被牛传染过一种轻微的疾病并得过牛痘。于是我就尝试给一个小家伙注射了牛痘，然后再给他注射天花，结果令人惊喜，牛痘帮助小家伙抵抗住了天花的侵袭。

感谢詹纳，10年后巴斯德通过类似的方法治疗狂犬病、鸡霍乱、炭疽病、蚕病，他取得了巨大的成果。

66 麻醉

在麻醉问世之前，外科医生要把病人的嘴堵住才能安心做手术。1799年，汉弗莱·戴维意外地发现了一种神奇的气体，吸入这种气体后人就感知不到痛苦，但副作用是，会笑得满地打滚！它就是一氧化二氮，俗称笑气。美国牙医霍勒斯·威尔士大胆地使用这种具有麻醉功能的气体给患者拔牙。但当时绝大多数外科医生都没有太把它当回事儿。直到英国的詹姆斯·辛普森通过氯仿成功为维多利亚女王实现无痛分娩，麻醉才得到了大范围的普及。

67 利斯特

利斯特这样说

真可怕！我们那会儿外科医生做手术从来不穿专业的无菌服，都随随便便穿着便装就上台子了，有的就直接在西服外头挂个屠夫穿的小围裙。大部分的手术，包括那些做得比较成功的手术，最后都会因为患者术后伤口感染而化为泡影，患者死的死，残的残。麻醉的普及间接导致病人死亡率攀升：能减轻术中苦痛的麻醉剂使得更多人愿意走上手术台，但术后极高的感染率使得患者需要再一次面对死神的威胁。利斯特通过显微镜观察到了肉眼看不到的病菌，正是这些空气中无处不在的病菌使患者的伤口感染。经过实验，利斯特找到了石碳酸，他将稀释的石碳酸溶液喷洒在手术台和手术器械上，效果异常地好！虽然患者躲过了一劫，利斯特的同事却因为病菌感染而离开了人世，于是利斯特顺藤摸瓜找到了罪魁祸首，原来那些盘踞在手上、工具和绷带上的病菌依旧气焰嚣张，灭菌法由此而生，它能够使患者和操刀人远离病菌侵扰。如今我们能躺在无菌病房安心接受手术治疗可都要感谢我们伟大的利斯特先生！

68 塞梅尔魏斯

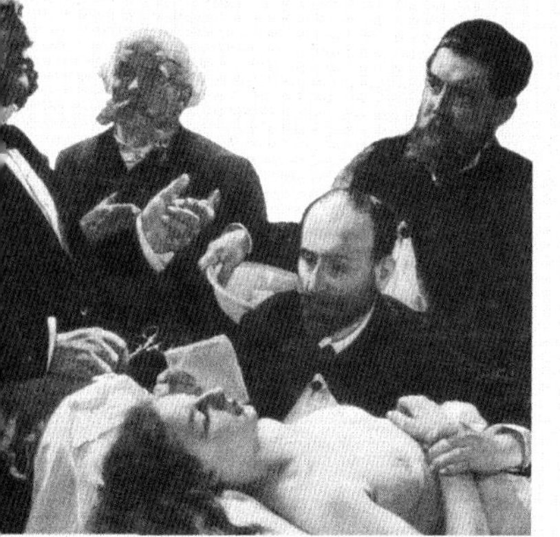

有些伟大且富有创意的人会受到精神疾病的侵扰，比如我们下面要说的塞梅尔魏斯。在发现细菌前，塞梅尔魏斯就观察到一个奇怪的现象，他所在的第一产院的产妇和新生儿因产褥热而死亡的概率非常高，那些在培训接生员的第二产院或是在家中分娩的妇女患产褥热的概率要小得多。在排除了环境、食物等因素后，塞梅尔魏斯得出一个极为简单的结论：医生和实习生做完病理解剖后，经常不洗手就进病房为产妇检查或接生，产褥热是由于医生不洁净的手或产科器械将某种传染性的物质带进产妇创口所致。为此，他反复要求医生检查产妇之前必须要用漂白粉溶液洗手，却招致同行的讥笑和打压，这使得塞梅尔魏斯陷入精神崩溃的边缘。最后可怜的塞梅尔魏斯在精神病院逝世。

69 科赫

科赫这样说

在微生物方面我也许比巴斯德知道得更多一些。我喜欢称它们为细菌，我找到了肺结核的元凶结核杆菌，这种细菌在当时结束了上百万人的生命。为此我获得了诺贝尔医学奖，这也是我应得的。当然比这个更有成就感的是细菌染色法的发明。

冰淇淋！

献给细菌！

用苯胺给细菌染色能帮助科赫清晰地观察细菌的形态，他用培养皿装固体琼脂培养液来培养细菌，也用它来装鱼酱和甜点。这个奇妙的金点子来源于给他做助手的夫人芳尼·亨斯女士，她经常为在实验室干活的男人们做冰淇淋和松饼。

70 奇幻博士

保罗·埃尔利希

保罗·埃尔利希这样说

我的同事都亲切地称我为奇幻博士，因为我两只手常常五颜六色的。这也没什么奇怪的，我曾在生产颜料的化工厂上班，有些颜色一旦染上就很难再去掉。我对细菌颇有一番研究，我经常在一堆废料中找寻有效的抗菌原料。我尝试让一些感染梅毒的人服用一些可能有用的药，要知道，梅毒在当时是一种非常可怕的疾病，它通过性传播，没有任何有效的治疗方法。

在尝试了600多种物质并试验了上千种疾病后，埃尔利希终于找到了理想的药物。他把它称为“606”，他也因此获得了诺贝尔奖。在他之后，又有不少有效的抗菌药被研制出来，比如硫酰胺。

71 弗莱明

亚历山大·弗莱明的幸运

人们相信有的时候一个人获得成功还真是要有那么点运气，弗莱明就是一个不错的例子。但如果没有他对研究的持之以恒，恐怕幸运之神也不会眷顾他……

第一个金点子

一个喷嚏让我豁然开朗，我意外地发现我们的唾液中含有某种特殊的成分，它不仅能灭菌，还能为我们的身体筑起一道天然屏障。这种叫盐酸溶菌酶的东西在我们的唾液和鼻涕中都能找到，它能破坏病菌的细胞壁，将它们挡在嘴巴和鼻腔之外。

第二个金点子

当然还要感谢我的助手，他打翻了我的培养皿，而那一堆搁置的培养皿竟意外地让我发现了能够拯救无数人生命的青霉素!

有一回，我那毛毛躁躁的助手把培养皿打翻了，他却什么也没说。于是来源不明的青霉菌孢子落入了葡萄球菌培养基中，催生出了一种因溶菌而显出惨白色的菌种，而它周围的细菌却相继被扼杀！弗莱明针对这种霉菌做了一项独立研究，终于发明出了伟大的青霉素。虽然青霉素的生产在最初很艰难，但到第二次世界大战时，它的广泛运用已经变成了可能。

爆炸性观念

1879 年除夕，爱迪生在圣西尔维斯特门洛帕克的家打开了实验室的大门……从此，一个新纪元拉开了帷幕……

72 爱迪生

托马斯·阿尔瓦·爱迪生这样说

这是一个并不平静的夜晚，或许是我人生中最重要的一晚。我开启了人类的未来。我不仅发明了电灯，还发明了电灯开关和发电设备。我在美国内战前出生于俄亥俄州的一座小城，每当夜晚降临，周边就一片漆黑。人们大多用汽灯或鲸油灯照明。只有偶尔出现的闪电把天空擦亮。啊，我们家是世界上第一个用上电灯的。那年年末最后一天，我请了很多人来我家见证点亮电灯的历史性时刻。他们从各个地方赶来，有结伴来的，有步行来的，有骑马或坐敞篷车来的，还有坐火车来的，我在所有人面前表演了一个大戏法：轻轻一摁开关，所有的灯瞬间亮起。

门洛帕克

发明一个东西需要点儿什么呢？
一个充满奇思妙想的头脑
以及一大堆破玩意儿。
——托马斯·阿尔瓦·爱迪生

73 梅乌奇和贝尔

喂，
贝尔吗?

不是，
是梅乌奇!

一项人类使用率最高的发明

2002年6月1日，美国众议院通过决议，承认电话的第一发明人是1850年5月移民美国的意大利科学家安东尼奥·梅乌奇。在此之前，有关电话的专利之争一直被炒得沸沸扬扬。当时，穷困潦倒的梅乌奇甚至无法支付250美元为他的“可谈话的电报机”申请最终专利权，仅发布声明保留了一种需要一年一更新的专利权利。多年后，和梅乌奇共用一个实验室的贝尔向美国专利局提出申请电话专利权，电话专利权之争由此拉开帷幕。最后，美国最大的西部联合电报公司买下了格雷和爱迪生的专利权，与贝尔的电话公司进行了旷日持久的对抗。梅乌奇愤而提起上诉，却在胜利的曙光降临前撒手人寰。

第一部电话的雏形是两个听筒，它们之间并没有任何线连接，是可携带的。1983年世界上第一台移动电话诞生。它像一个小型手提箱一样沉，重达两公斤。

亚历山大·格拉汉姆·贝尔

74 特斯拉

身形瘦削、神情紧张、身高“约2米”，髭须浓密飞扬，这就是我们40多岁的中年男子尼古拉·特斯拉了。他的形象着实奇葩，我们常能看到他手拿无线发光管的造型。是的，特斯拉是第一个向人们证明无线电信号和电能在远距离传输的人。特斯拉被普遍认为是“疯狂科学家”的原型，他一生金点子无数：感应电机（应用于电梯、汽车）、全世界都在使用的交流电电力系统……特斯拉对能源的关注具有很强的超前意识。根据他的理论，我们大气层中的电离层能够为人类提供源源不断的清洁能源，电离层是从离地面约80公里开始一直伸展至约1000公里的地球高空大气层，特斯拉的“全球电力输送计划”就是要将电离层中储量的巨大电能引向地面，供人类使用。

75 闪电的秘密

尼古拉·特斯拉在电力生产和输送领域是绝对的先驱，但他的成就不仅仅体现在这一个方面。特斯拉于1856年生在克罗地亚斯米湾村一个塞尔维亚族家庭，据传他降生那晚雷电交加。1884年他移民美国，曾做过爱迪生的助手，在老牌公司美国西屋电器做过研究，是尼亚加拉水电站的设计师。他是个很有特点的人：个头很高，异常瘦削，行为习惯比较诡异，会强迫性频繁洗手，恐惧人群，不喜欢跟人打交道，喜欢住旅馆，且经常居无定所。他能够不借助任何电线点亮霓虹灯。他坚信地球在电力上能做到自给自足，人类可以拥有取之不尽用之不竭的清洁能源，当然，也可以被用来制造大规模杀伤性武器（美国中情局特斯拉解密档案摘录）。

沃登克里弗塔从来没有被使用过。

特斯拉不为人知的发明

不管身处何处，在城市还是任何偏远荒凉的角落，人类都可以在地里埋下一个接收器，并通过它来获取无尽的电能。特斯拉不止一次证明这种无线传输接收电能的设备是可实现的，并且它将拥有闻所未闻的能量。但这方面的研究被有关方面粗暴地阻止了。有些信息和资料甚至被美国当局定为最高机密。于是，就像我们所看到的那样，如今我们依旧在用一种再惯常不过的方式生产和消耗电能。特斯拉一生与诺奖无缘，虽然以他的成就拿奖绰绰有余。他为维护专利打了无数场官司，最终高昂的律师费还是把他拖入了穷困潦倒的人生惨境。而他不太稳定的精神状况和怪异的行为举止更是随着他年龄的增长愈发严重。

特斯拉1943年1月7日死于纽约一个旅馆，彼时，美国、欧洲和日本还深陷战争泥潭。有关他的秘密科学资料也随即神秘消失，其他零星文件也被付之一炬。也许他那些不为人知的惊天发明将永远无法重见天日。

76 赫兹

关于无线电波的金点子

我叫海因里希·鲁道夫·赫兹。我1857年出生于德国汉堡。你们现在用的收音机、电视机、智能手机以及所有无线传输设备都是我的功劳。事实上，我设计过一个很简易的装置，通过它我可以发射一些简单的电信号。这是一些不可见的电磁波。即便有大量的电磁波在星空和宇宙中穿梭，人们也很难想象出它具象的存在，更不要说它眼花缭乱的形状了：长波、短波还有超短波。在很长一段时间里，人们都习惯借用我的名字称它们为“赫兹波”。我还捣鼓出了一个能够用来搜集电磁波的装置，但我也不知道它们能用来干什么，其实我也不太感冒。但有一点是肯定的：我有一个能够以一生百的金点子！

传奇的金点子

1899年，在科罗拉多斯普林斯，特斯拉造了一个约有10米长，顶着一个铁球的天线。他希望能通过它向长距离目标传送电波。有目击者称，距离天线40公里外，有200盏灯在无线条件下被点亮。按照他们的说法，接下来的一幕更是玄而又玄：一道道闪电从铁球中发射出来，它们一点点汇聚成电球状物体并向周围十来米开外的地方放射新的光束。天空中雷声滚滚，草坪都散发着磷光。

创意的成功实践与创意的好坏并无太大的关系，主要是看是否遇上好时机。如果一个点子能顺应时代的发展，那么它就会迅速被采纳并投入使用；反之，再好的创意都如同种子在错误的季节发芽，什么用都没有。

——尼古拉·特斯拉

很多年后，人们才认识到，特斯拉是实现无线电波传输的第一人。事实上，意大利科学家马可尼使用更为简陋的设备实现了无线电电报的传输，为现代电信通信业奠定了基础。

77 马可尼

就是这样！

有关无线电的金点子

在我还小的时候，我在博洛尼亚的家里就用无线装置发射了人生第一条电报。为了收到它，我使用了一种金属屑检波器来接收无线电波。这是一种玻璃管状的简易设备，里面盛有一些金属屑。这是我的同乡特米斯托科·卡尔泽奇·厄内斯提发明的，其余部分要感谢法国人爱德华·布兰里。总而言之，是我执意要用它来接收电报信号的。

我们就是这样迈向了科学和通信技术的新台阶，无线电通信让世界各地的思想在蔚蓝的天空中自由驰骋碰撞。

——伽利尔摩·马可尼

金属屑检波器

在电路中加入一个金属屑检波器，整个装置就能起到开关的作用：当有连续电波传来时，金属屑聚集在一起成为导体。于是灯会亮，铃也会响。他把发射机放在一座山冈的一侧，接收机放在山冈另一侧。当他的助手发送信号时，他守候着的接收机接收到了信号，带动电铃发出了清脆的响声。这响声对他来说比交响乐更悦耳动听。

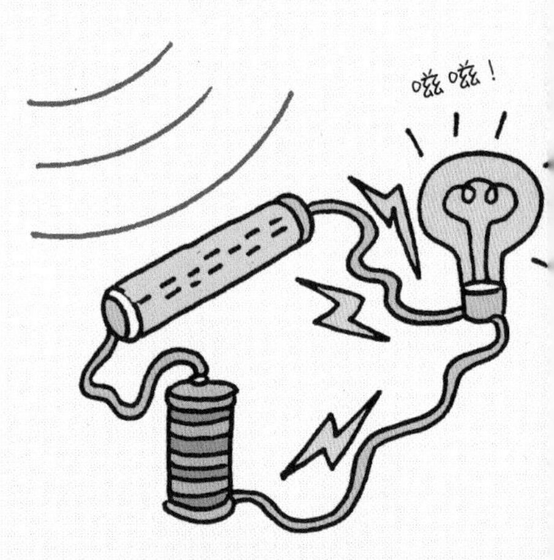

海上电报

我改良了电报设备并在伦敦注册了专利。我和我的家人在伦敦开了一家无线电报公司，但我们并不想跟其他公司抢生意，我们希望能为海船安装无线电报，这样证券经纪人、港务局和报社都能第一时间知道海船的动向和货物的状况，当然最重要的是，在遇到危险时，他们能第一时间发出求救信号，减少人员和财产损失。泰坦尼克号失事时，船员迅速用我们公司的无线电报机向外界发出了救援信号，这挽救了近千人的生命。

幸运女神垂青

于是我尝试架设高架天线，甚至是风筝来实现更加远距离的信号传输。在这个过程中，我发现了一个意外惊喜：无线电信号反射了回来！部分电波在到达天空中的电离层时被反射回地球，传播到很远的地方。这样一来，无线电波在地球上简直畅行无阻！

78 电子管

我们所理解的无线电广播

收音机的诞生要感谢马可尼的合作人约翰·安布罗斯·弗莱明，这个英国人在1904年发明了一盏奇怪的灯，也就是热离子阀，它能够为来往电波的频率“谱曲”。说得直白一些，就是能够通过无线电发送并接收语言和音乐。弗莱明的金点子结合马可尼的科学直觉加速了收音机的诞生，这个发明至今仍是全世界人民交流沟通的重要工具。

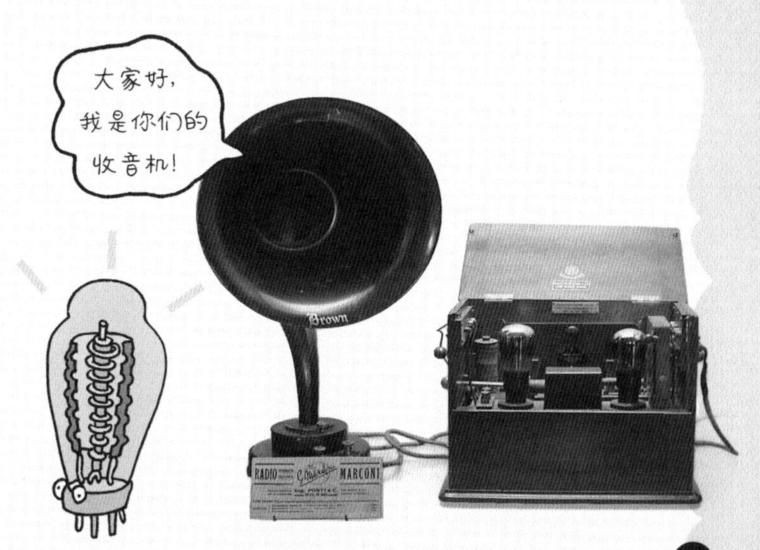

关于光的金点子

为了能使光影图像动起来，不少科学家都费尽了心力，直到1895年12月28日，巴黎的一些社会名流应卢米埃兄弟的邀请，来到大咖啡馆的地下室观看电影……

79 卢米埃兄弟

奥古斯塔·卢米埃这样说

亲爱的弟弟路易斯，谁都不曾想象过，我们发明了“第七艺术”。电影是如此神奇，当我们将一列行驶的火车影像投影在荧幕上时，人们都信以为真，纷纷从座位上站了起来向外飞奔。电影的发明源于我们对摄影艺术的热情，对摄影感光板的制造经验和其他很多创造发明的好奇与探究。事实上，爱迪生曾在美国做出过这样一个“西洋镜”，它由摇胶片的齿轮盘、灯光、小型电动机、可充电源和印有连续影像的胶卷构成。你只需要往机器里面塞一枚硬币，放映机就启动了，缺点是一台机器每次只能容纳一个人观看。我们的愿望是发明一种能同时满足多人观影的电影放映技术！我们做到了，看电影成了一种最喜闻乐见的娱乐方式。

真不错，这就是我想要的!

这就是爱迪生发明的西洋镜了。卢米埃兄弟的父亲也买了一台做研究。当你塞一枚硬币进去，就能看到芭蕾舞演员跳舞、相爱的人热吻……

我父亲是摄影师，
得益于此，我们在这种
艺术环境中耳濡目染成长起来。
我们超越了父辈，发明了电影!
——卢米埃兄弟

80 涅普斯和达盖尔

世界上公认的第一张照片是涅普斯于1827年拍摄的，卢米埃兄弟在此后70年发明了电影。涅普斯发明了一种不用卤化银的沥青照相术：先将沥青溶解于薰衣草油或迪佩尔油中，然后涂在锡基合金板上，放入暗箱摄影，最后在薰衣草和挥发油的混合液中显像。显像需要拿到阳光下曝光整整8个小时。他的合作人达盖尔则发明了银板照相法，极大地缩短了相片处理时间。

达盖尔使用的是表面涂有碘化银的铜板，对阳光非常敏感，这也是为什么在那几十年时间里，人们喜欢称它为“达盖尔照相法”的原因。当然还有不少机智的发明家找到了许多其他简化成像技术的材料和方法。在很长一段时间里，摄影师出去拍照都要带着一个夸张的小型化学实验箱！

左图就是历史上第一台电影摄影机了。法国科学家艾蒂安-朱尔·马雷用它来拍摄飞翔的小鸟和奔跑中的动物。爱迪生对卢米埃兄弟的发明大发雷霆，当然，电影发明史的军功章上也有他的一份功劳。

哎呀……

81 海厄特

如果没有美国印刷工约翰·卫斯理·海厄特的金点子，也许我们的大象早就灭绝了，电影工业也不可能出现，其他很多东西也将不会存在。海厄特发明了世界上第一种塑料材料。

有关台球的金点子

是的，我发明了世界上最通用的材料。可以说要是没有塑料，你们就没有手机、凳子、鞋子甚至是内裤，因为很多内裤是由人造纤维制成的。我的金点子来源于一场发明悬赏活动。一家台球厂愿意出1万美元的高价，悬赏一种替代象牙的台球制作材料，因为象牙太稀有昂贵了。那时候台球都是象牙做的，每年惨死于猎人手中的大象数以千计。我那会儿听说有个英国教授帕克斯发明了一种质地坚硬但灵活透明的材料“帕克辛”，但是这种材料只能用于制作衬衫衣领。我研究了好一番，发明出了一种相似度较高的材料，我把它称为“赛璐珞”，它富含植物纤维。为此我获得了珀金斯奖，也顺手拯救了大象。赛璐珞成分天然，原料取自植物纤维，所以不用担心原料供给问题。

衍生金点子

纤维是一种聚合物，由一连串相同的小分子（单体）构成。石油馏分经过热裂解可得到大量的烯烃和芳烃，这些都是制取塑料、合成纤维的主要原料。但石油是一种有限资源，人类不加节制的开采和争夺是后来的事儿了。

82 贝尔德

我们已经有了电话、收音机和电影。还缺一种可以远距离传送活动图像的东西，于是电视诞生了。我们付出过许多努力，但第一台电视却是苏格兰科学家贝尔德于1926年发明的。

古董电视机

虽然我并不能说发明电视机是我一个人的点子，但是把钻了许多孔的圆盘（即尼普科夫发明的尼普科夫圆盘）安装在一根织针上进行扫描这件事确实是我干的。最初的电视机看上去就像是一坨转动的圆盘。我甚至没有用一根阴极管。当英国皇家科学院的研究员来我在伦敦的实验室考察时，他们当场惊呆了！他们第一次通过电视机看到了几公里之外的勤杂工威廉·台英顿的人像。

电视机和照相机的诞生使得贝尔德那套电机系统也变得毫无用处。1936年，第11届奥运会在德国柏林首次实现电视实况转播。

现在，人类历史上第一批电视机成了价值不菲的老古董，每台售价大约跟一辆中型汽车差不多。

83 莱特兄弟

奥维尔·莱特这样说

今天的你们觉得飞翔非常容易。登上飞机，小坐一会儿就被飞机拉升至离地8000米的高度。但这件习以为常的事在一个世纪前还是一个有点疯狂的设想。人们将硕大的气囊充满比空气密度低的气体，借助空气浮力升天。要是飞行器是一坨跟船一样沉的金属块，那么飞行的难度可想而知了，简直就是异想天开。我们也对此表示过怀疑，但我们还是决定冒这个险去做尝试。我们的老本行是自行车匠，我们那会儿就发明了自行车刹车，这玩意儿你们现在也还用着呢，是吧。我们对飞行器有一种执拗的信念：所有人都能在空中飞翔，就像骑自行车那样简单。

我最后一次试飞的是一架巨大的三垂尾滑翔机，机翼的宽度几乎有我第一次试飞的距离那么长。
——奥维尔·莱特

理想与现实的差距

莱特兄弟受自行车的启发，认为飞机的平衡原理应该同自行车大致相同，人在机上需要不断调整身体才不至于失衡。在第一次试验滑翔机的时候，飞行员几乎是躺着驾驶的。第一批成机是一种大型双翼机体，配备扶柄和可以改变机翼形状的操纵杆。人类的飞行史由此开始。

关于飞机载重的金点子

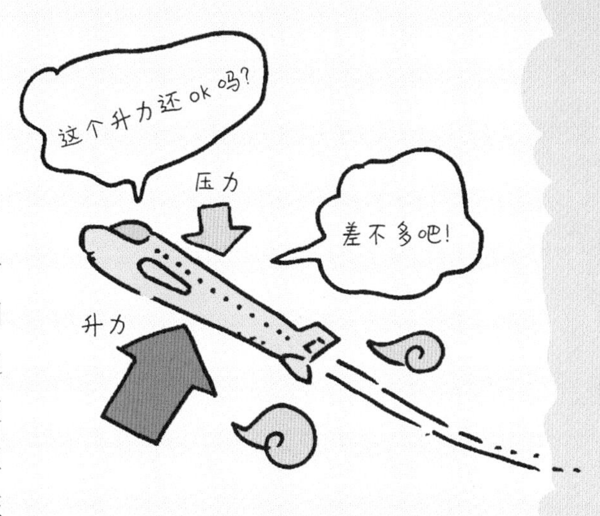

如果飞机跟一艘游轮一般重，它是怎么飞上天的呢？为了解决这个棘手的问题，莱特兄弟也是费尽了工夫，在一次又一次飞行试验中找灵感。飞机之所以从地面升起，是因为它受到的升力大于飞机自重。影响飞机的升力的因素有很多：飞行速度、倾斜角度以及机翼的形状。此外，飞机机翼的机背和机腹所受的压力差对飞机的升力也起到至关重要的作用，这个压力差能够保证飞机不会从天上掉下来。

不！

根本就不行呀！

一旦你想学会飞翔，
你就得脚踏实地并仰望星空。
之所以要仰望星空，
是因为那里才是你们应该去的地方，
那里是你们的归宿。
——达·芬奇

84 冯·布劳恩

把你们送上月球

比起飞机，我的火箭并不需要依靠空气上天，它们能在真空的星际间遨游。我是冯·布劳恩，我从小就有个梦想：我坚信只要有了火箭，我就可以占领一颗遥远的星球。少不更事时，我还不慎把半个家给烧了。待我长大后，二战期间，我领导研制了V2火箭，用以炸毁伦敦。战后，我去了美国，供职于美国国家航空航天局，还参与了朋友华特·迪士尼的迪士尼乐园远景规划。我们成功地将人造卫星发射到了宇宙空间，随后又在团队的倾力合作下把人类送上了月球。如果哪天你们登上火星，还要感谢那个从小充满幻想的我，哈哈哈哈！

您好，布劳恩！

关于电子的金点子

有用来做算术的机器，还有可以实现操作的设备。那有没有这样一种可以学习处理问题的智能机器呢？我想是有的。

我发明了计算机！

85 巴贝奇

有些政客向我咨询，如果向计算机输入一串错误的数据，那么计算机有可能给出正确的答案吗？我不想做评论。

——查尔斯·巴贝奇

我生于伦敦，1814年毕业于剑桥大学。我有8个孩子，我一直梦想能研制一台计算机。事实上，我并没有做成一台像样的计算机，只制造了一堆体积硕大的机器而已（长30米，高10米），它由蒸汽机维持日常运转，跟火车运行的原理相似。也许这是历史上第一台可以自行计算的机器。我们把带有指令的穿孔卡插入机箱内并输入数据，它就能计算出结果。此外我还要感谢我的朋友，英国大名鼎鼎的诗人拜伦的女儿阿达·奥古斯塔，她是第一个提出计算机除了做算术还能做别的事情的人。

86 霍尔瑞斯

我1860年出生在美国离尼亚加拉大瀑布不远的布法罗市。我是德裔。我学习并教授机械学。我的金点子来源于一次旅行，当时我坐在开往华盛顿的列车上，列车员用打卡机在我的车票上打了一个孔。利用卡片穿孔，我开发了卡片制表系统，用以在美国1890年度的人口普查中进行人口计算：每个实心或空心的孔分别代表“男或女”“已婚或未婚”“学生或上班族”……当把卡片塞进计算机器后，一些电路闭合，机器开始将接收到的所有信息进行整合和计算。我的计算系统最实用且运算速度最快，这使我抱奖而归。随后穿孔制表机在全国普查中普及起来，我从中赚得一笔钱，并用它开了一家“制表机公司”。这家公司历经多年整合，于1924年更名为国际商业机器公司，也就是现在大名鼎鼎的IBM公司。

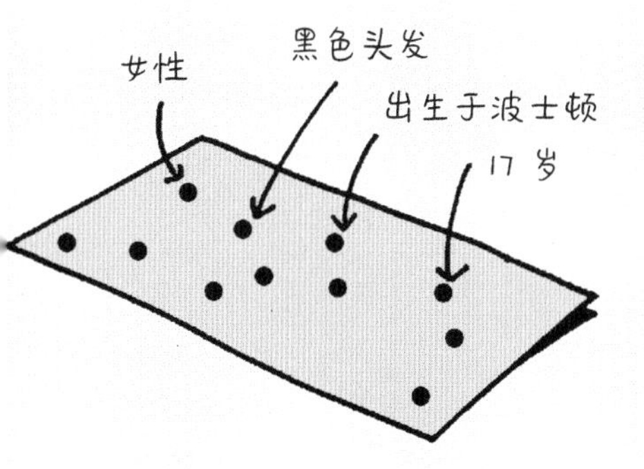

为了解码上面的信息，我们会在每张卡片上放置一个带有一排可伸缩探针的装置。当探针遇到小孔，针头便会接触到水银槽中的水银，回路连通。电流穿过电线随即启动后续设备的开关。穿孔制表机在全世界的各大企业和公共行政机构中广泛运用。之后穿孔制表机经历了更新与改进，发展成了电子机器。最初的计算机巨大无比，个头能有恐龙那么大，里面安装着无数根电子管，就像收音机一样。

数以千计的电子管

ENIAC

81 晶体管

开启石器新纪元

这个金点子是我们3个人的成果，我——威廉·肖克利和约翰·巴丁和沃尔特·布拉顿一同发明了晶体管。那是1947年，我们在贝尔实验室经过无数轮试错发明了这个看起来很奇怪的东西。1925年成立的“贝尔电话实验室公司”在当时已经发展成世界上实力最雄厚的跨国机构，有近100多个研究人员为该实验室工作。1956年，我们凭借晶体管获得了诺贝尔奖。在此之前，我们研究了半导体尤其是硅材料的属性。根据晶体点阵中杂质的多少，硅材料可以分为N型硅半导体和P型硅半导体。我迅速意识到，在电路中可以用半导体替代热阴极电子管。我们做成的第一个半导体特别简陋。虽然样子丑了点，但很实用。半导体这个名字是我们一个同事给建议的。当我们把它带到人们眼前时，没有人能想到，这个破玩意儿的诞生改写了电子甚至整个人类的历史。

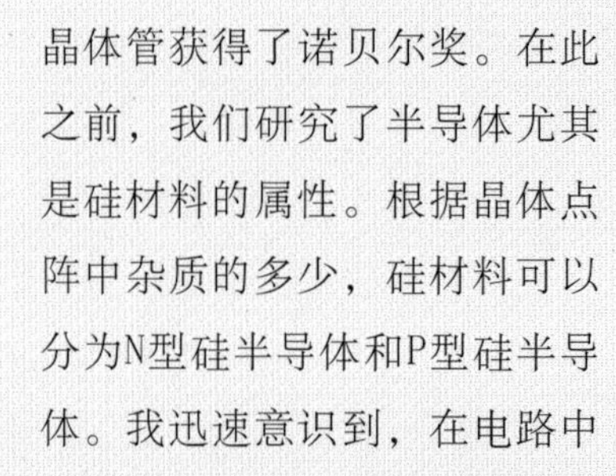

第一座半导体　新式半导体

这3个发明家很快就从外形和体积上改进了这团乱七八糟的半导体，新式半导体长得跟火柴头似的。他们把小巧的半导体植入贝尔电话、无线电设备和计算机中。而如今，半导体更是小到用肉眼看起来都吃力，被密密麻麻地印刻在电路板上。

微处理器

1971年，来自美国的泰德·霍夫和意大利的费德里科·法金发明了第一个“微处理器”，也就是把运算器和控制器集成在一块很小的硅片上，人们把它叫作“英特尔4004”。这片迷你芯片小到可以塞进蚂蚁的嘴巴里。

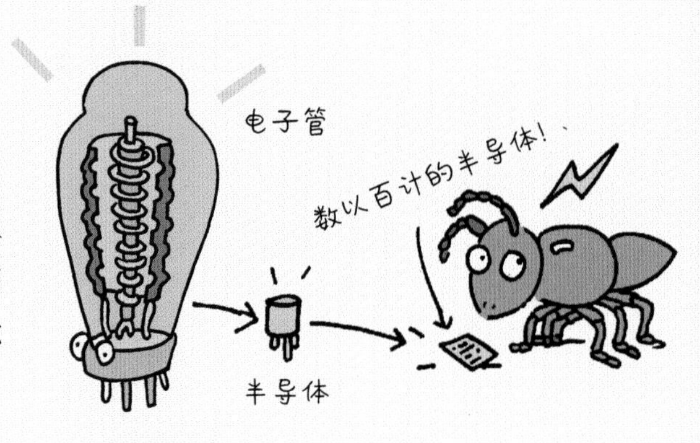

88 史蒂夫·乔布斯和比尔·盖茨

微处理器的发明为小型经济计算机的诞生提供了可能性。那时候，计算机仅在大企业和政府机关使用。谁也不曾料想，一位来自加利福尼亚州的年轻人将在不远处的硅谷掀起一场科技狂澜。

乔布斯这样说

我是怎么开始的？17岁那年，我给惠普公司的创始人之一威廉·雷丁顿·休利特打了一个电话，谈了一些我的想法，对方不但没有嫌弃我，还提供了一个暑期实习机会。为了生存，我从学生时代起就做过很多事情：给电脑游戏写程序，卖空酒瓶，四处旅行并在印度待过一段时间。在好朋友斯蒂夫·沃兹尼亚克的帮助下，我们窝在老爸的车库里手工打造出第一台电脑。从那时起，我逐渐缔造起苹果帝国，它发展之迅猛让所有人都大吃一惊。当时，只有比尔·盖茨能与我比肩。今天你们已经离不开电脑和智能手机了，你们每天都要用它们来交流、写邮件、上网，这都要感谢我们当年那美妙的灵光一现。

抱歉史蒂夫，爸爸要停个车呢！

2012 年 10 月 25 日，一台苹果首款电脑以 50 万欧元的拍卖价格成交。这台电脑的键盘是木质的，可与电视机连接。

史蒂夫·乔布斯于2011年10月5日去世，年仅56岁。为了纪念这位科技界的杰出人物，他的同事们为他开发了一个颇为感性的程序，可以模拟乔布斯评论、演讲和作答。乔布斯逝世前3年，他最大的竞争对手比尔·盖茨决定辞去微软董事长的职务，全力经营慈善事业。

89 因特网

日内瓦，1989年3月13日

我是英国人蒂姆·伯纳斯·李，供职于欧洲核子研究组织。我大学学的是物理，因为工作原因，我需要跟不同的科学家交流，而他们又往往不在一栋大楼里，于是我向上司建言构建一个便于及时沟通的信息网络，简单来讲就是把一个超链接文本输入电脑中，全网范围内的人都可以阅览。他仔细读了我的报告，觉得虽然有点摸不着头脑但还是挺有趣的。在这件事上，他对我一路开绿灯，这给我和我的同事罗伯特·卡里奥研究互联网提供了相当宽松的环境。

一个造福全人类的金点子

两年后，所有欧洲核子研究组织的员工都用上了网络，出于好奇，他们往地址栏中敲进了很多奇怪的东西。info.cern.ch.便是世界上第一个网站了。在之后几年里，闻风而来的研究机构、大学和科学家纷纷将自己的电脑连到这个网络中，一个更大范围的局域网诞生了。此后，这一技术在其他国家也迅速普及开来。1993年，世界上第一个浏览器问世。

1994年，蒂姆放弃了这项发明的专利权，创建了非营利性的万维网联盟W3C，邀集微软、IBM等著名公司致力达成www技术标准化的协议。同年，互联网就注册了130个网站，到2003年，这一数字达到3500万；到2008年和2012年，网站数量分别飙升至1.8亿和5.5亿，如今已远超20亿。

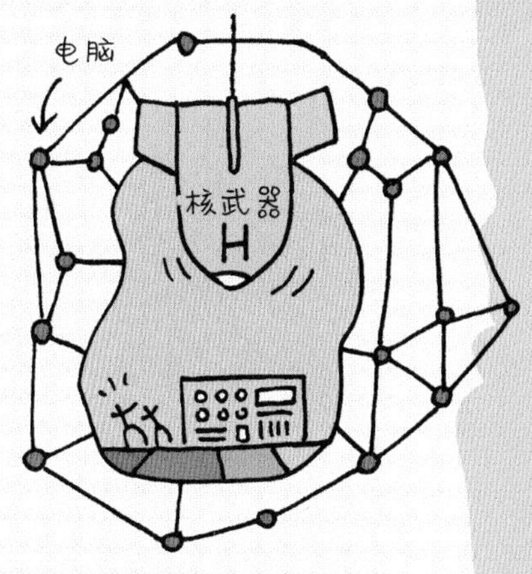

因特网始祖

它的名字叫阿帕网，美国国防部高级研究计划署开发的世界上第一个运营的封包交换网络。这实际上是20世纪美苏冷战的产物。当时美苏两国冷战升温，核威胁阴影笼罩着整个地球。为避免美国军事指挥中心被核弹摧毁而导致各地军事基地失控瘫痪，高级研究计划署设计了一个“分布式网络”以实现信息共享。在阿帕网中，两个用户间的沟通便构成了E-mail的雏形。

Internet是现在已连通全世界的一个超级计算机互联网络。蒂姆让网络在全球范围内实现了互联互通，并开创了集文本、声音、图像、视频等多媒体信息于一身的全球信息资源网络万维网（World Wide Web，简称WWW）。如今，我们接入互联网便能轻松进行阅读、交流、书写、搜索等各种活动。

天才和金点子

几千年来，农耕者通过挑拣筛选出最为精良的动植物物种。而真正发现大自然遗传规律的人便是一位农耕者的后代，来自奥地利布隆（现捷克布尔诺）的一个修道院的神父。

90 孟德尔

神父这样说

很多人肯定都有这样的疑惑：我们父辈的特性是如何传递给我们的，比如眼睛和头发的颜色。那些从事动物养殖的人想必也经常会好奇，为什么有些特征会出现隔代相传的现象。奥地利布隆（现捷克布尔诺）的一个修道院的神父探索出了生物遗传奥秘的基本规律。

人们对遗传性的认识是本能的。初为父母的人总是会不停地向周围人炫耀自己的孩子，“你看，他长得多像他爸爸，跟他妈妈和爷爷也很像！”

—— 孟德尔

爸爸！

我的好儿子！

圣托马索修道院并不仅仅是一个做祷告的地方，这里更像是一个花园，可以让人静心研究植物的生长与改良。这里还有一个特别棒的实验室和图书馆。他们还把我派到维也纳大学深造。在那里，我认识了一些德高望重的老教授，安德烈亚斯·冯·厄廷格豪森便是其中的一位，他向我介绍了统计学这门学科，从此我便有了一些想法。

中午喝豌豆汤！

晚上喝豌豆汤！

孟德尔

额！

28000株植物

在修道院的花园里，我开始养殖并杂交纯种的豌豆，这些豌豆各有特征，高茎或矮茎、圆粒或皱粒、黄皮或绿皮。我花了整整7年时间做豌豆杂交实验，先后种植了28000棵。最终的实验结果表明，植物所呈现的各种特征由遗传基因决定。大家安静一下，让我给你们讲讲遗传学法则。

豌豆种子的颜色有绿色和黄色两种，绿色为隐性性状，黄色为显性性状。孟德尔用黄色豌豆与绿色豌豆杂交，所得的杂交第一代全部是黄色豌豆，这说明绿色是隐性性状，由隐性基因控制；黄色是显性性状，由显性基因控制。如果将它们再进行杂交，则第二代豌豆出现如下几种可能：

- 1/4豌豆为黄色（纯种）
- 2/4豌豆为黄色（杂种）
- 1/4豌豆为绿色（纯种）

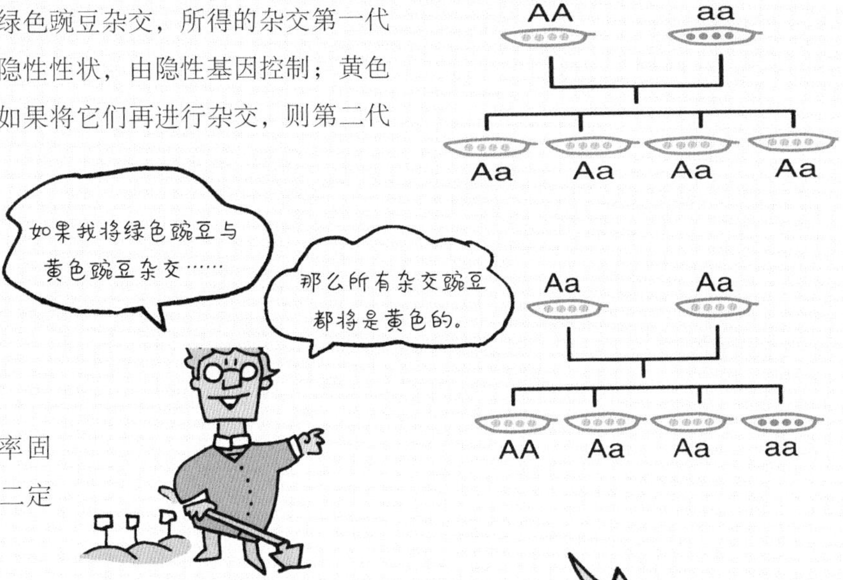

其中，绿色性状出现的概率固定为25%。由此引出“孟德尔第二定律”（即基因自由组合规律）。

德弗里斯

直到1900年，孟德尔定律才由3位植物学家（荷兰的德弗里斯、德国的科伦斯和奥地利的切尔马克）通过各自的工作分别予以证实。孟德尔的学说是在他去世16年后才被学界发现并认可的。德弗里斯于1901年提出生物进化起因于骤变的“突变论”，但后来被证实是错误的。

91 染色体

孟德尔定律发现后的几年时间里，人们渐渐认识到，储存着生命信息的基因位于生物体内呈圆柱状或杆状的染色体上。美国生物学家托马斯·亨特·摩尔根是最早研究染色体的遗传机制的人。他用黑腹果蝇作为实验材料，研究生物遗传性状中的突变现象。彼时他已经能够为生物绘制部分基因组草图了。

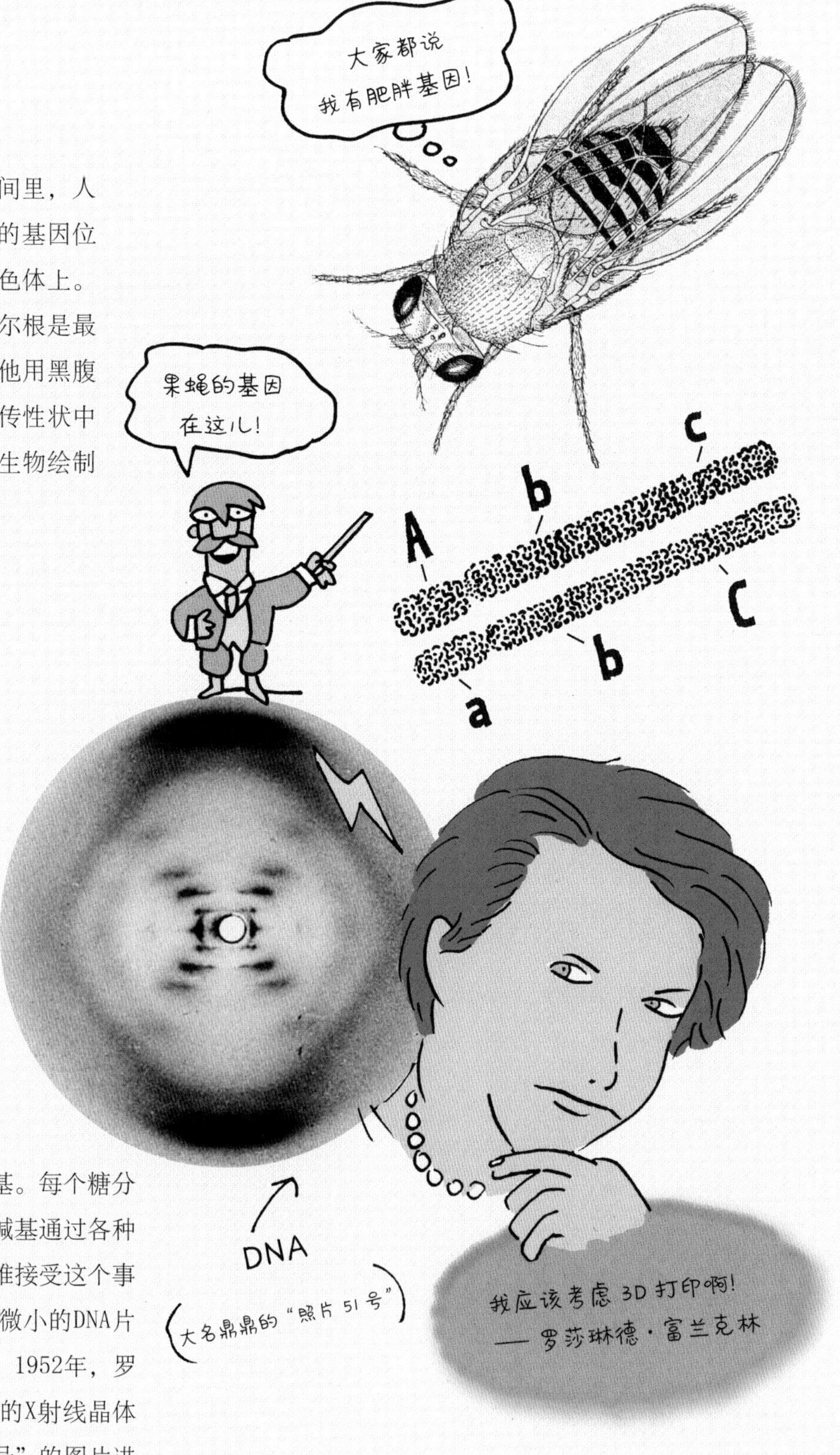

92 DNA

罗莎琳德的金点子

现在生化学家认识到，遗传学的核心在染色体和基因上。基因是带有遗传信息的DNA片段，DNA是一种脱氧核糖核酸的双链分子。奥地利科学家欧文·查戈夫注意到DNA的成分包括脱氧核糖、磷酸及四种含氮碱基。每个糖分子都与碱基里的一种相连，这些碱基通过各种序列组成遗传密码。当时人们很难接受这个事实：庞大复杂的人体竟是由这么微小的DNA片段构建成的。经过长时间的研究，1952年，罗莎琳德与葛林斯获得一张B型DNA的X射线晶体衍射照片，这张被称为“照片51号”的图片进一步揭开了人类基因之谜。

93 沃森和克里克

一张DNA的X射线晶体衍射照片对普通人来说也许并没有什么，但当我在一次国际研讨会上看到罗莎琳德给我递来的DNA照片时，我瞬间惊呆了！我叫詹姆斯·杜威·沃森，在此之前我借助X射线研究了许多大分子。我盯着这张照片看了好久，总觉得这个DNA的形状有些眼熟，这让我意识到也许我可以做些什么来破解DNA谜团。于是我决定同剑桥大学的同事，物理结构和生物分子学家克里克一起研究DNA。经过多轮试验，当然还要感谢克里克的妻子的帮助，我们终于成功构建出DNA的三维模型：DNA是双螺旋结构的！

沃森和克里克有关DNA螺旋结构的成果于1953年4月发表在《自然》杂志上，罗莎琳德和威尔金斯的相关研究成果也同时一起发表了。文章还提到了DNA的复制方式主要为半保留复制：DNA双链解开，每条链作为新链的模板，从而形成两个子代DNA分子，每一个子代DNA分子包含一条亲代链和一条新合成的链，而亲代的基因就是这样传递给子代的！

1962年，沃森、克里克和威尔金斯获得了诺贝尔医学奖的殊荣，而对DNA研究极为关键的人物罗莎琳德则早在3年前因罹患恶性肿瘤而离世，她的死或许跟长期受X射线辐射的工作环境有关系。

94 桑格

在发现DNA之后的几年里，克里克解码了DNA的复制方式，并解释了DNA中四种含氮碱基（腺嘌呤、鸟嘌呤、胞嘧啶、胸腺嘧啶）是如何储存并传输信息组建蛋白质的。1990年，沃森和其他几个世界知名的基因专家启动了一项旨在绘制完整人类基因图谱的“人类基因组计划”。这项研究破译了24000个基因，同时也发现了染色体上另一部分功能不明的DNA片段。为了打开这个人类生老病死的“黑匣子”，很多国家都陆续加入了这个庞大的人类基因图谱解码工程。

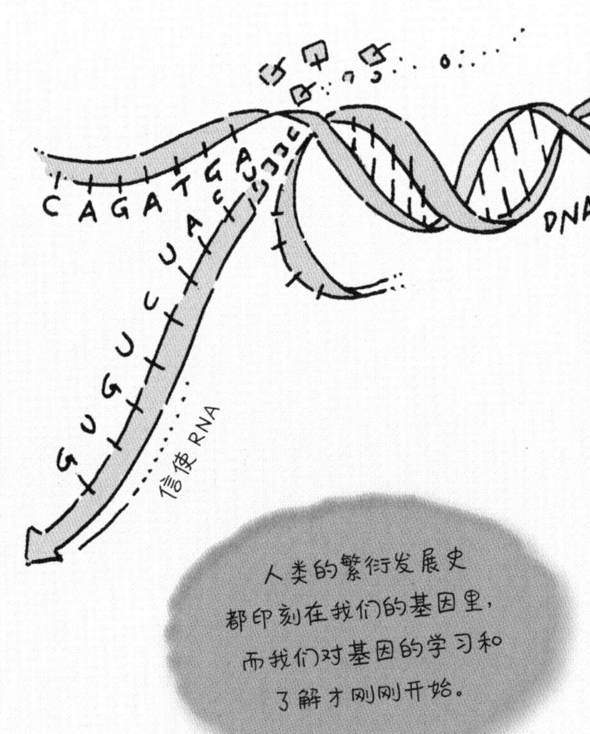

人类的繁衍发展史都印刻在我们的基因里，而我们对基因的学习和了解才刚刚开始。

读懂基因的人

我叫弗雷德里克·桑格，我测定了一些人类及动植物的基因。我是一名来自英国的生物化学家，一生有幸获得过两次诺贝尔奖。在剑桥的时候，我就发明了检读DNA的方法。我完整测定了胰岛素的氨基酸序列，证明蛋白质是具有明确构造的，并于1958年获得了诺贝尔化学奖。1975年，我提出一种被称为双脱氧链终止法的技术来测定DNA序列，又称“桑格法”。两年之后，我利用该技术成功测出Φ-X174噬菌体的基因组序列，这也是首次完整的基因组测序工作。1980年同另外两名科学家一道，我再次站在了诺贝尔奖的领奖台上。事实证明，这项研究后来成为人类基因组计划等研究得以展开的关键之一，我为基因工程师开辟了一条前所未有的道路，这是孟德尔之前无法想象的。

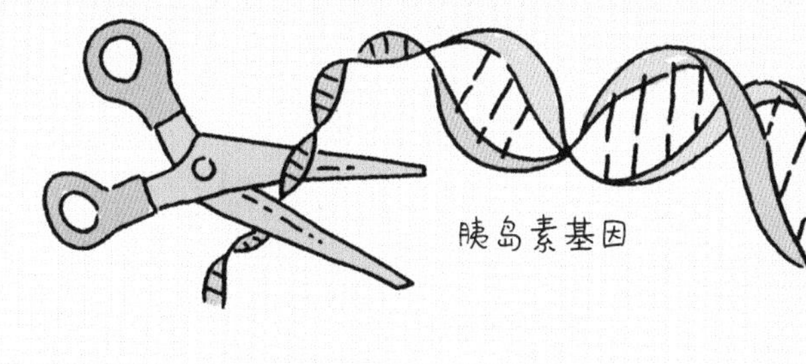

转基因

与此同时，桑格的同行沃纳·亚伯、丹尼尔·那森斯和汉弥尔顿·史密斯在实验研究中进一步发现，噬菌体在寄生体内会发生可遗传的突变。他们认识到细菌体内存在可改变噬菌体DNA结构的限制性内切酶。他们尝试将一些生物的DNA片段植入其他特定生物体中，促使其与自体基因进行重组。历史上使用转基因技术的第一个案例便是把人的胰岛素基因注入到大肠杆菌的DNA中，并通过大肠杆菌获取人工胰岛素。转基因技术使人类通过基因重组实现生物新性状的需求得到了满足，但这个过程杂糅了很多复杂的问题，也带来了相当多的争议。

95 遗传指纹（DNA指纹）

因为与其他物种的基因不同，我们才区别于包括环形蠕虫、猩猩在内的其他生物。我们DNA上有些部分是独一无二的，每个人都不一样，这就是遗传指纹。

经过细致的观察，我，阿列克·杰弗里斯，发明了一种能够检读这些DNA信息的方法，其实很简单，就是遗传指纹识别。每个人的遗传指纹都是不同的，遗传指纹差异可以用来识别个体。这一方法很快便被广泛运用于警方的刑侦工作。第一个通过遗传指纹识别被认定的犯罪嫌疑人是一个英国小姑娘。此后，警察在犯罪现场进行侦查时，往往都会将遗传指纹信息作为案件的重要突破口来对待。

阿列克·杰弗里斯

非常特别的金点子

物质是由原子构成的，而原子往往比我们想象的还要复杂得多。法国著名波兰裔科学家居里夫人为我们更好地理解微观世界打开了一扇大门。

96 居里夫人

我的金点子

我开始琢磨放射性物质要感谢我的老师。有一天，他发现抽屉里的纯铀金属板使一些照片感光了。我们由此断定，铀盐跟X射线一样具有天然放射性。这个意外发现让我获得了诺贝尔奖。我并没有止步于此，又发现矿物中存在两种不为人知的放射性化学元素，一个是钋，与“上坡”的“坡”同音；另一个是镭，它的毒性非常强，是放射性最强的元素。“放射性”这个专有名词是我创造的。那时候人们并不知道它们有多危险。你们能想象吗，巴黎著名剧院“疯狂牧羊女”的芭蕾舞演员都跟疯了一样跑来让我研发一种放射性面霜，她们都想当然地认为放射性元素可以让人神采焕发！

居里夫人的同事卢瑟福为放射性做了定义：放射性来自原子内部的变化，放射性能使一种原子变成另一种原子。此外，卢瑟福成功地用α粒子轰击氮原子，并将其分裂，证实了原子并不是构成物质的最小单位。卢瑟福发现了一种稳定的、不衰变的粒子——质子，同时还预言了中子的存在。此外，卢瑟福首先提出放射性半衰期的概念。

97 爱因斯坦

爱因斯坦这样说

我的金点子？绝对是相对论啊！我不止在一个场合向你们说过，时间是个相对的东西，说取决于你在哪里以及你在做什么。在有些地方，时间甚至是静止的。比如说在黑洞中，时间就永远不可能走到子夜。时间会变慢，在星际旅行中，宇宙飞船上的人会觉得时间比在地面上的慢。听上去有点玄乎是吧。我的相对论中也有量化的公式，比如著名的质能方程$E=mc^2$。

在质能方程中，E表示能量，m代表质量，而c则表示光速（300000km/s），仅光速的平方就能让质能大到令人惊叹！

该公式表明，物体相对于一个参照系静止时仍然有能量，这也就意味着，物质和能量能够相互转化。质量很小的物质也可以转化成大量的能量。爱因斯坦有关时间相对论的伟大理论让人们对穿越时空浮想联翩。物质与能量的守恒为核弹出现提供了可能，原子核进行核裂变，亏损的质量全部转化为能量。

98 费米

关于原子的金点子

我的金点子源于一个突然的决定：那天我像往常一样，在粒子对撞机上用中子逐一撞击元素周期表上的各种粒子。在本该撞击铅原子的时候，我随手换上了92号元素铀，于是奇怪的现象出现了，中子的速度大大降低了，而这种降低了速度的“慢中子”，使得被辐射物质的核反应更加明显。此外，当用中子轰击时，铀被强烈地激活了，并产生出好多种元素。有人认为，在这些铀的衰变产物中出现了一种新的元素！而我似乎也完成了人类历史上第一次链式裂变反应。

所有这些都发生在我们位于
罗马帕尼斯贝尔纳大街的实验室里。
我们从花园的喷泉里汲水，
常常打扰到里头的金鱼。
——恩利克·费米

1938年，费米赴斯德哥尔摩领奖（诺贝尔奖），之后却并没有返回种族主义肆虐，即将发动战争的意大利，而是接受了哥伦比亚大学的邀请，乘上了去美国的轮船。3年后，他被招入“曼哈顿计划”。在美国洛斯阿拉莫斯国家实验室里，费米和同事们一起研制出世界上第一颗原子弹。世界再也回不到从前的样子了。

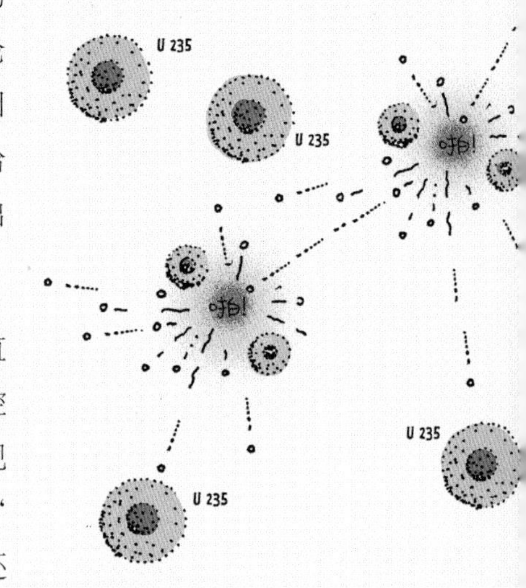

智力超群的费米在同事中呼声一直很高，他还带头建立了人类第一台可控核反应堆并发展了量子统计学。我们现在用以描述一些粒子群所用到的名称“费米子”便得名于他，与此相似的还有“玻色子”，它得名于印度科学家萨特延德拉·纳特·玻色，以表彰他所做出的贡献。

99 希格斯

上帝粒子

我非常讨厌这种叫法，事实上它就是“玻色子”而已，一群粒子能量的集合，就跟光子差不多。1964年，当我在苏格兰的山岭里散步时，就开始想象它的存在了。我们找它找得着实辛苦，直到2012年7月4日，欧洲核子研究组织才召开新闻发布会，宣布发现了希格斯玻色子，我悬了多年的小心脏才落了下来。希格斯粒子通过相互作用获得质量。

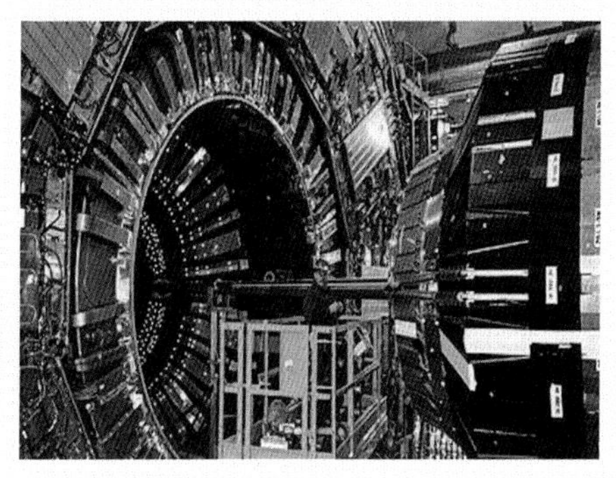

一台超级酷炫的机器

坐落于日内瓦附近地下的大型强子对撞机可以算是世界上最大的人造机器了，仅加速机圆口直径就长达27公里！科学家们希望通过加速对撞质子重现宇宙大爆炸时的环境，探究宇宙形成的过程。

关于宇宙的金点子

玻色子会改变世界吗？也许会。也许它已经开始改变世界了。在寻找玻色子的时候，欧洲核子研究组织的科学家们还发明了数以千计的其他东西：诊断肿瘤的正电子断层扫描仪、互联网、超导体材料、超速计算机……金点子往往都是这么一步步产生的！

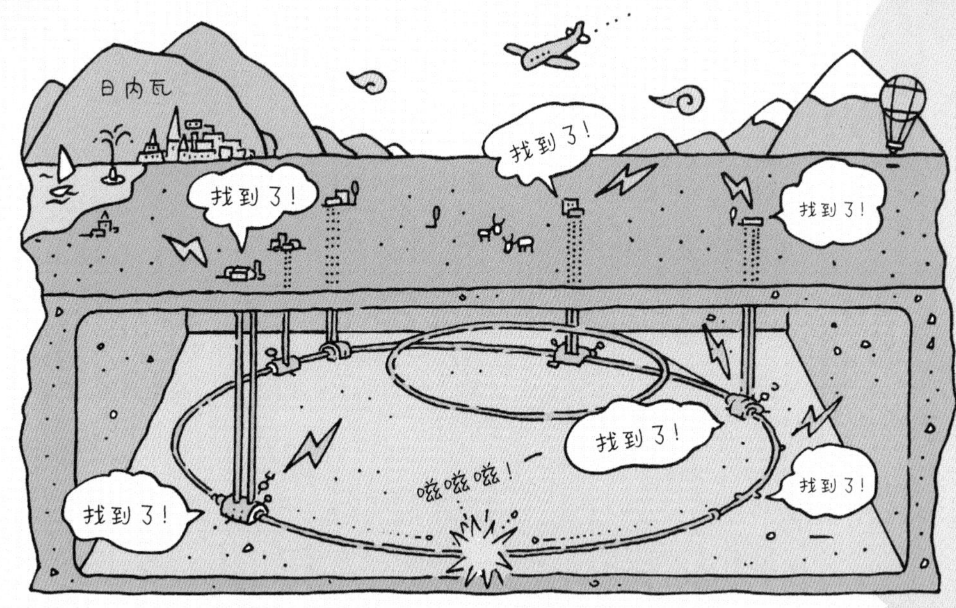

100 诺贝尔

天才中的天才

我成了世界上最富有的人之一，这归功于我的发明——炸药！这个发明可不简单：关键在于让硝酸甘油（一种不稳定的液体）变得安全便捷，最大限度地降低爆炸意外。我的家人对此深有体会。我们的实验室曾爆炸过，炸死了我的弟弟和4位工人。最后我终于找到了办法：我把硝酸甘油和吸水物质混合在一起，然后密封在罐子里，这样它们只有在用雷管引爆时才会爆炸。

我原以为如此强大而致命的爆炸会让任何想发动战争的人望而却步，可是我大错特错了！短短几年，我见证了武器和炸药的快速扩散，它们全部用于战争和杀戮。正因为如此，我决定把我的遗产赠予为人类和平和福利而努力的人！

如果你有一千个想法，只要有一个结果是好的，那你就该满足了。
——阿尔弗雷德·诺贝尔

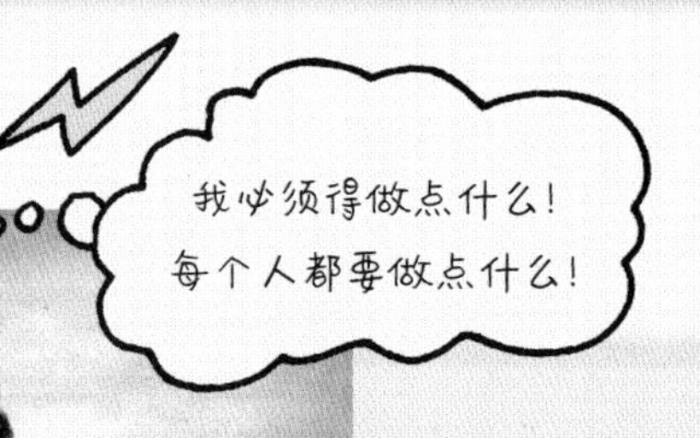

我的遗言

我，阿尔弗雷德·伯恩哈德·诺贝尔，特此声明，经过认真思考后，这是我最后的愿望。我的遗产将全部按以下方式处置：由遗嘱执行人成立基金会，进行安全投资，每年将收益以奖金的形式发给上一年为人类福利做出贡献的人。

——1895年11月27日，巴黎

诺贝尔奖

1901年起，阿尔弗雷德·诺贝尔巨大的遗产每年产生的收益被分成五等份。收益增长迅速，但让诺贝尔奖令人如此垂涎的并不是奖金，而是由此而来的声誉。在一个世纪里，许多非凡的人获得了这项殊荣。

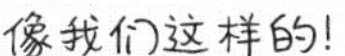

哪些人可获此殊荣：

1. 在物理领域有最重要发现的人。
2. 在化学领域有最重要发现的人。
3. 在医学领域有最重要发现的人。
4. 在文学领域创作了具有理想主义倾向的最佳作品的人。
5. 为国家间的友谊、常备军队的取消或削减，为和平的形成与巩固做出最大贡献的人。

物理和化学奖由瑞典科学院授予，生理或医学奖由斯德哥尔摩卡罗林斯卡医学院授予，文学奖由斯德哥尔摩文学院授予，而和平奖则由挪威议会选举产生的委员会授予。前4个由瑞典国王在斯德哥尔摩颁发，而诺贝尔和平奖则由挪威国王在奥斯陆颁发。

上面的照片是1986年丽塔·列维·蒙塔尔奇尼获得诺贝尔医学奖的场景。
下面的照片是在斯德哥尔摩市政厅的颁奖典礼。

永无止境的金点子

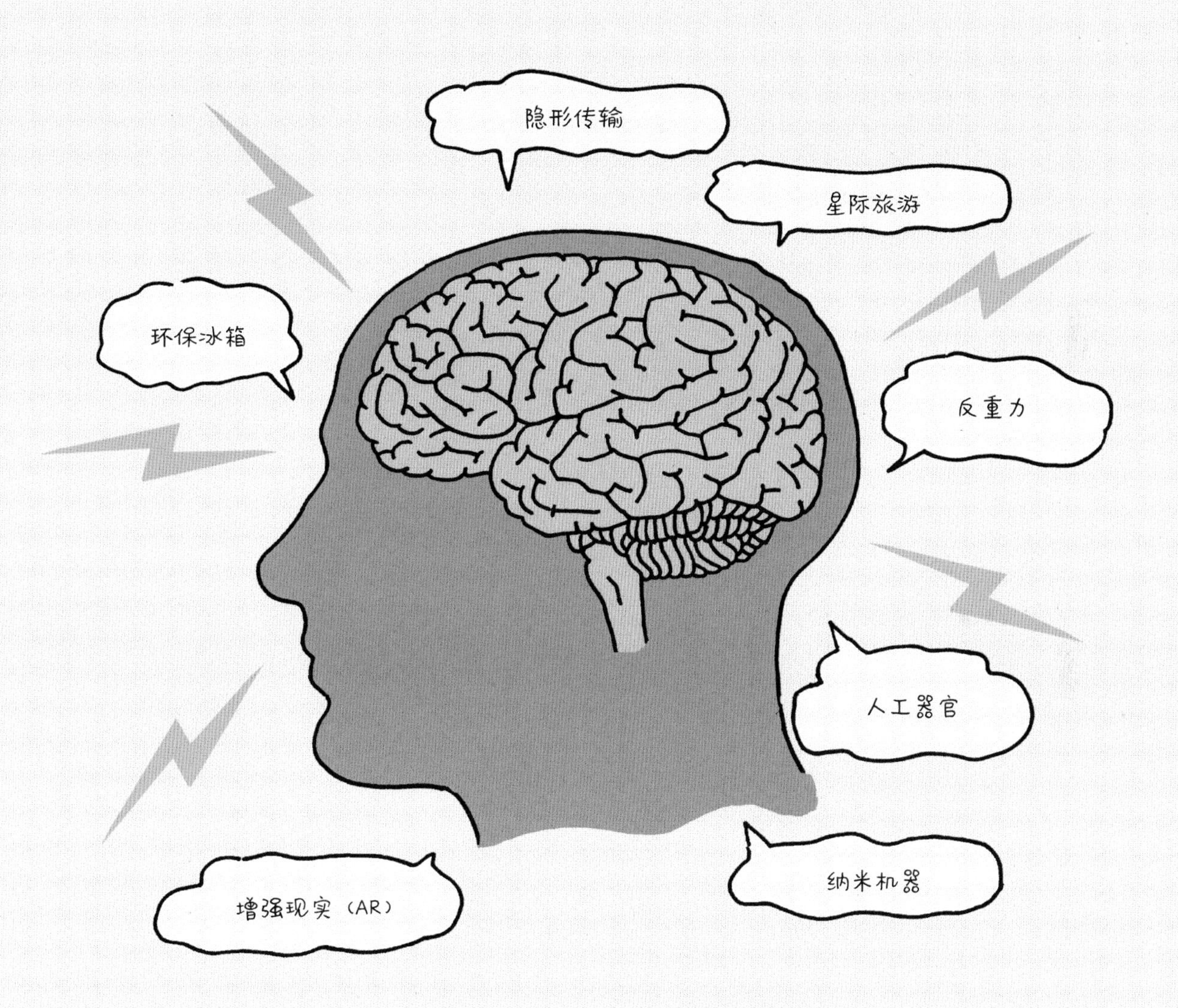

科学词霸

如果一开始想法不荒唐，就无法变成伟大的点子。

——阿尔伯特·爱因斯坦

阿基米德

2200年前生活在锡拉库扎的工程师和哲学家，拥有一长串无可争议的金点子。他不断地用希腊语说："我发现了！我发现了！" ▶第55页

避雷针

本杰明·富兰克林的金点子。幸运的是在发明避雷针之前，他从未被闪电击中。 ▶第80页

冰棍

金点子来自一位名叫弗兰克·爱普森的11岁少年，他生活在圣弗朗西斯科。一个冰冷的夜晚，他把一杯插着小棍的柠檬水遗忘在了窗台上。早上，弗兰克把热水浇在杯子上，把结成冰的柠檬水拔了出来，开始吃第一根"冰棍"。1923年，弗兰克为他的这一发现申请了专利。

大陆漂移理论

大陆在不断移动，而且各个大陆板块都漂浮在炽热的岩浆上。这一想法源自阿尔弗雷德·魏格纳，但这个想法直到他去世几十年后才受到重视。 ▶第90页

电池

来自亚历山德罗·伏特的金点子，他模仿电鳐的发电器官制造出了最原始的电池。电池开启了电力时代。

▶第82页

电灯

爱迪生是电灯的发明者，当然他还发明了许多其他的东西。1879年他申请电灯专利后，点亮的电灯泡旋即成为一种智慧的化身。

▶第98页

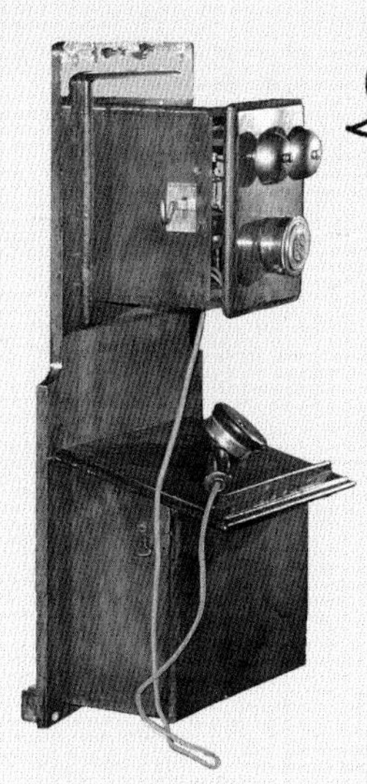

电话

安东尼奥·梅乌奇和亚历山大·贝尔的金点子。他们俩都与妻子交流发明中遇到的困难。▶第99页
智能手机的下一步：思想传输？

发电机

迈克尔·法拉第的金点子：一个简单的铜盘在磁场中运动，由此可产生电流。很多自行车都拥有一个发电机。我们使用的电几乎都来自发电机。▶第85页

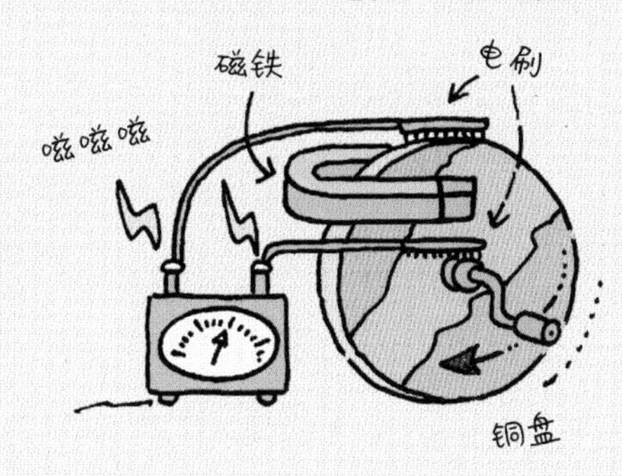

电梯

电梯的祖先是蒸汽式的，1857年建于纽约。金点子来自一位床制造商伊莱莎·格雷夫斯·奥的斯，他的发明成就了最早的摩天大厦。下一个金点子也许将是反重力电梯。

发电足球

踢一场球产生并积累的电能足以使LED灯发光3小时。这一原型在克林顿（美国前总统）基金会的支持下实现。这个点子的目的是证明在无污染和无燃料消耗的情况下也能产生电能。

动物行为学

研究动物的行为并将其与人类的行为做合理比较的科学。这是康拉德·洛伦茨在观察花园里的野鹅和其他动物时产生的金点子。▶第18页

反重力发动机

利用宇宙最强大的力量——重力来驱动的发动机或设备。秘诀在于原子内部，早晚会有人想出金点子的。

纺织

天然和合成纤维的编织艺术，旧石器时代末期出现的金点子。▶第38页

飞机

由空气托起的可以飞行的交通工具。金点子来自莱特兄弟。▶第108页

钢

铁和碳的合金。3200年前，一名工匠的金点子，源自不停击打热铁的发现。▶第40页

弓

4万年前的一位猎人的金点子。他用木头和动物的筋做成了弓。有人看到他的弓后，灵光一现，发明了……钻杆，用来在木头上钻洞或者点火。

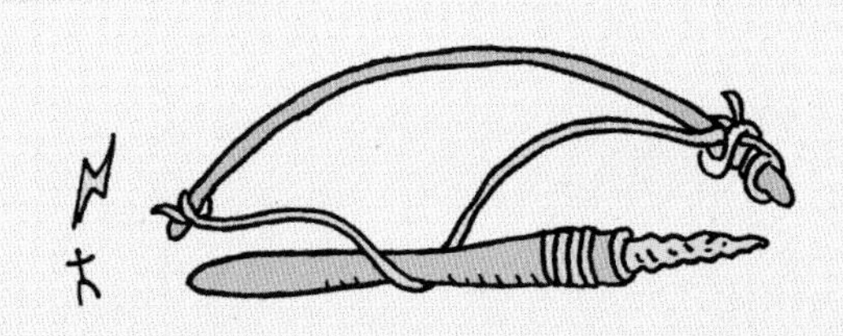

滚轮储水罐

一位年轻的设计师的金点子，可以让在沙漠中长途跋涉的旅人毫不费劲地推着前进。滚轮储水罐可以一直滚到家里。

环保冰箱

通过安装在骆驼背上的太阳能板供电的冰箱。金点子来自一位向游客出售新鲜饮料的埃及小贩，很快他的同伴也如法炮制。

火

我们的祖先中最勇敢的一位发现了火种，并学会了给火喂树枝。 ▶第20页

火箭

飞行不需要空气，在真空的外太空中同样能旅行。多亏了牛顿第三定律，我们才能去火星和月球，冯·布劳恩这样说。

▶第69/109页

基因

携带体现遗传特性的DNA片段。布隆（现捷克布尔诺）的一个修道院的神父孟德尔发现了它的存在和功能。▶第116页

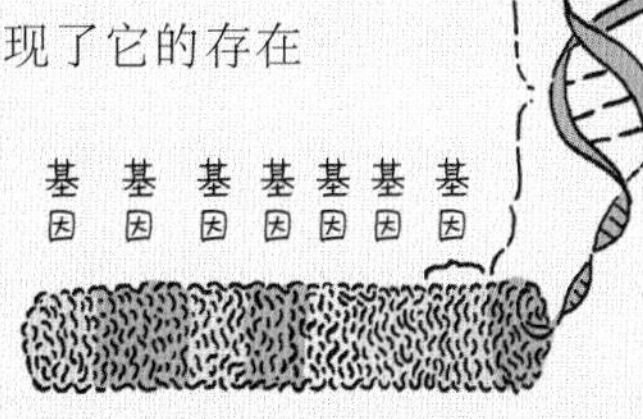

基因识别

一种可鉴别犯罪或灾难现场DNA的方法。如今，全世界的警察除了使用传统指纹识别外，也会使用它。 ▶第121页

几何

最早用来测量长度、空间和体积的方法，后来成为描述和阐释自然现象的最有力的工具之一。它用途广泛，也能在电脑中使用。它的运用引发了许多金点子。 ▶第52页

计算机

金点子来自巴贝奇教授。他发明的是手动机械式和蒸汽发动机式的巨大计算机。如今计算机变得越来越小，有些小配件只有分子大小。 ▶第110页

进化

查尔斯·达尔文的伟大理论。至今还有人探讨我们与猴子的亲属关系，真恼人。 ▶第88页

科学方法

伽利略的伟大观念。一件事物如果可以用可重复的实验证明，那它就是真实的。否则，就只是……奇迹。

▶第66页

空调

1851年，在美国南卡罗来纳州，约翰·戈里教授为一台用作空调的制冰机器申请了专利。他的目的在于治疗某些由炎热引发的病症。事实上，需要出不少汗，或者由马匹、风车驱动才能启动它。

拉链

金点子来自瑞典人吉德昂·逊德巴克，后入美国国籍。在他妻子去世后，他的着装越来越不修边幅。他发明的“拉链”大大改善了这一状况。第一次世界大战爆发时，美国海军向他定制了几千个。

冷冻食品

美国布鲁克林的一位年轻人克拉伦斯·伯宰的金点子。他是美国的一名博物学家，受邀至美国大陆最北部的拉布拉多。在气温零下40摄氏度的环境下，他和因纽特人一起捕鱼，他发现，当活鱼从水里捞起后，马上冷冻，就可以在解冻前保持最佳状态。低温可以使鱼不变质。于是，他回到纽约后多次试验，终于在1922年成立了第一家冷冻食品公司。

硫酸

具有强烈腐蚀性的酸，是中世纪的一位炼金术士在寻找“点金石”时发现的。寻找的人总能发现什么。

▶第54页

纳米机器

如微生物或大分子大小的机器，可用于制造人工DNA或化学合成。

尼龙搭扣

用许多小钩与另一种互补材料结合而成的合成面料。金点子来自瑞士工程师乔治·德·梅斯特拉尔。有一次他在乡间散步时，发现他的狗的身上和自己的羊毛衫上都沾满了带有很多刺钩的小干果，于是他进行了仿制并发明了尼龙搭扣。

轮子

6000年前苏美尔制陶工的金点子。▶第42-43页

农业

土地耕种的艺术和实践。魔法般的金点子：把食物埋在地下，就能长出植物，结出20倍、30倍多的食物。▶第34页

木筏

通过捆绑树干而建造的船只，是所有船舶的祖先。我们的祖先用轻木筏穿越海洋并征服了世界。▶第32页

啤酒

6000年前的某一天，在古老的美索不达米亚，一碗被遗忘在陶瓷花瓶里的薏仁汤快乐地发酵着。发现的人

并没把它扔掉，而是灵光一现，想尝一尝味道。于是啤酒就这样诞生了。

气压

它存在于我们周围，而且非常巨大。发现气压的是奥托·冯·格里克，后来，他的继承者托里拆利对气压进行了测量。▶第71页

人工器官

提取患者细胞在试管中培育，使之发育成所需的替换器官。在某些情况下，器官可直接在体内生长，就好像从皮肤上长出来那样。

时空旅行

根据相对论，宇宙是弧形的。如果是弧形，那么过去和未来就可能在某一点重合，使得穿越时空成为可能。对此也需要伟大的金点子开启时光快捷键。

食品合成机

在星际迷航中可找到这一想法的踪迹。现在仍在试验阶段，用于太空旅行。用简单的分子已经可以合成饼干，并且已经有人开始试图合成比萨了。

水燃料（人造树叶）

利用太阳能把水转化为氧气和氢气，从而制成无污染的生态燃料。

潜水器

最开始由莱昂纳多·达·芬奇设计，让人类可长时间处于水下的装备。有了这种装备就可以潜入水底刺穿敌军船只。大约在1930年，雅克·伊夫·库斯托发明了水肺型潜水器并得到了广泛应用。

雅克·库斯托

塑料

塑料时代开始于对大象有益的一件好事。约翰·卫斯理·海厄特把塑料当作象牙的替代品，用来制作台球。▶第106页

探梦器

人们对大脑的研究惊喜不断。研究者们已经能够指认出人们用以记忆和储存图像的大脑区域，但人们关于大脑的认识还只是冰川一角，而探测梦境的机器也会出现在不久的将来。

听诊器

所有医生用来听心跳和脉搏的仪器。勒内·泰奥菲尔·亚森特·拉埃内克的金点子，他希望避免用耳朵贴紧年轻患者胸脯的尴尬情况。

望远镜

这个专利属于荷兰人汉斯·利伯希。伽利略发明并制造了40倍双筒望远镜，用它来观察天空中的星星。

▶第66页

微波炉

在测试雷达系统时，珀西·勒巴朗·斯宾塞发现他口袋里的巧克力块融化了。原因是设备发射了微波。他尝试利用微波来制作爆米花和煮熟鸡蛋。鸡蛋炸了他一脸。

维生素

有助于生长和代谢。缺少维生素就会生病，但只要保持良好的生活习惯，吃一些蔬菜和水果就不会缺少。最早的金点子来自大不列颠国王的医生。

▶第79页

维生素C面料

一位年轻的西西里设计师的想法，她设计了一种用橙子的废弃纤维制造的面料，同时还能释放维生素C。

卫生

在19世纪的欧洲，清洁是可有可无的，甚至在医院也是如此。塞梅尔魏斯医生突然灵光一现，邀请医生们都洗个手。可惜的是，后来他精神失常了。

▶第95页

文字

语言的图形表达。这是苏美尔人的文字，用于记录交易信息。

▶第44页

无人驾驶汽车

不需要人畜牵引，就可以自动行驶的车。第一辆可以自动行驶的车是弹簧车，金点子来自达·芬奇。目前最新的机器人汽车，可以实现无人驾驶。

无线电

无线信息传输：金点子出自尼古拉·特斯拉。把它推广至世界范围内的是古列尔莫·马可尼。为了接收无线信号，他甚至用了大型天线风筝。▶第102页

洗碗机

约瑟芬·佳丽斯是一个美国的家庭主妇，她特别讨厌洗盘子，也无法忍受它们堆得乱七八糟的。于是她设计了一个分隔式的金属筐，用以搁置各种碗碟。她将金属筐摆放在铜锅里。锅炉上的引擎能使金属筐在有

水喷洒清洗时自由旋转。约瑟芬·佳丽斯于1886年12月28日申请了专利，直到20世纪50年代洗碗机才进入千家万户。佳丽斯女士创办的洗碗机公司没有倒闭，现在是惠而浦公司旗下的品牌。

洗衣机

洗衣机的金点子源自一位18世纪雷根斯堡的神学和自然科学家，这位女士当时在大学做清洁工。第一台电动洗衣机诞生于1906年，发明者是一个芝加哥人。

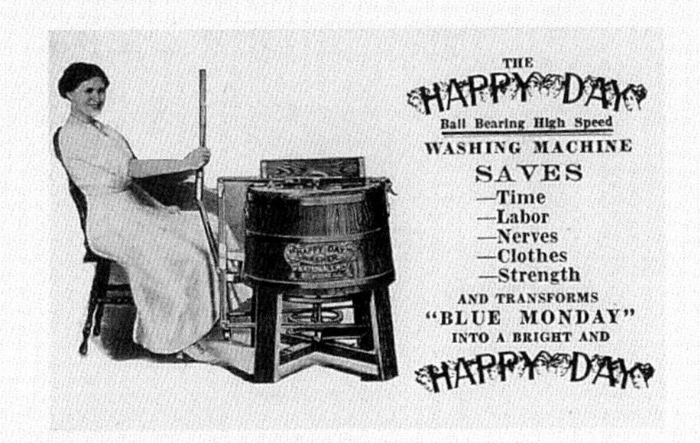

相对论

阿尔伯特·爱因斯坦的金点子告诉我们：时间是相对的，关键在于你做什么，在哪里。▶第123页

星际旅行

即使以理论上可以到达的最快速度——光速行进，一艘宇宙飞船也需要好几年才能抵达最近的星球。在探索宇宙并在“合理时间”内回家之前，需要伟大的金点子。

岩壁画

石头上描绘人物和动物的雕刻和绘画。有些可追溯到4万年前。它是最早的可视艺术和交流形式，也是历史上最早的大众传媒。▶第23页

意外收获

在寻找某种事物时的意外发现或想到的新主意。许多金点子都是意外收获。▶第11页

因特网

最先用来解决欧洲核子研究组织内部的沟通问题：科学家需要共享自己的研究发现。于是，伯纳斯·李博士有了一个金点子，把所有人的电脑都联入局域网，随着联网的人越来越多，局域网逐渐变成了覆盖全球的因特网。▶第114页

隐形传输

一种科幻发明，但理论上是可行的：把物质转化为电能，电能可以以波的形式传播到接收器，再转化回原始物质。有人已经把质子从地球的一端隐形传输到了另一端，但人和商品的隐形传输还需要继续研究。

音乐

在时间和空间中组织声音的艺术。未来的音乐一定闻所未闻，充满了灵光。

▶第28页

语言

语言是人和人之间交流的方式，我们用语言交流时伴有手势、声音和语言。这是智人的金点子。▶第22页

隐形

部分隐形已经在各种模仿系统中实现。至于完全隐形，有许多军事研究中心正在研究，比如利用可复制周围环境图像的材料。

月

年的分支单位，时间接近月亮绕地球运行1周的时间（略多于29天半）。

▶第26页

增强现实（AR）

通过手机或电脑可以看、听和触摸我们感官才能体验的事物体系。

蒸汽冰箱

詹姆斯·哈里森在澳大利亚工作，是一名印刷工和记者。在擦干净印刷字符时，他发现如果滴一滴醚到铅块上，醚会挥发，而铅块则变得像冰块一样。挥发可以带走周围环境的热量！他翻资料发现醚的气体如果受到压缩，很容易就变成液体。于是，他制造了一台制冰机。压缩机把气体转化为液体，然后液体再挥发，使得装满水的容器温度降到零摄氏度以下。膨胀的气体受到压缩，回归到液体状态，如此循环。1850年，哈里森发明了历史上第一台商用冰箱。

蒸汽发动机

由艾若奈在公元前3世纪发明，但无人问津。直到纽科门在适当的时候重现了这一发明。詹姆斯·瓦特因它而变得富有，并于1976年申请了专利。在这之后，世界走向了蒸汽时代！▶第72页

重力

重力规律源自艾萨克·牛顿的灵光一现和他身边一个掉落的苹果。不过，真的只掉了一个吗？▶第68页

转基因微生物

在微生物上添加动物机体或植物机体的一个DNA片段。最先是在大肠杆菌中加入了人的胰岛素基因。从那天起，上百万的细菌后代都可以生产药用胰岛素。

▶第121页

自行车

两个轮子的金点子。1816年问世，当时无坐垫也无脚踏，被当作是富人的玩具，叫作“手摇车”。直到1888年，才变得类似于如今我们熟知的自行车。右边这幅设计图（很可能是假的）显示其发明者是莱昂纳多。

天才的金点子

这本书以第一人称讲述伟大的科学家的伟大发现和发明，全部由卢卡·诺维利编写并绘制。这是接近科学、了解改变人类历史的伟人的最有趣、最让人上瘾的方式。本书配有“小诺维利”科学词霸，包含70多个科技名词和许多图画。图书还衍生出意大利广播电视公司（Rai）的热播节目“天才的金点子”，由卢卡·诺维利编导，在网络上多次播放。

卢卡·诺维利

作家和画家，著有多册自然科学类图书，曾多次与意大利广播电视公司（Rai）、亚历山德罗·伏特科学文化中心，以及各博物馆和大学合作。诺维利还担任插画及设计期刊G&D的主编长达十年。他曾获得青少年读物最佳普及作家奖、2001环保联盟奖和2004年安徒生奖最佳儿童作家奖。他的作品被翻译成20多种语言在全世界发行。

101
102
103
104
105...